Printed by Libri Plureos GmbH in Hamburg, Germany

9 781649 291226

تعلم

Eureka Math®

الصف الثاني

الوحدتان 4 و5

Great Minds PBC is the creator of Eureka Math®
Wit & Wisdom®, Alexandria Plan™, and PhD Science™

Published by Great Minds PBC. greatminds.org

Copyright © 2020 Great Minds PBC. All rights reserved. No part of this work may be reproduced or used in any form or by any means—graphic, electronic, or mechanical, including photocopying or information storage and retrieval systems—without written permission from the copyright holder

ISBN 978-1-64929-122-6

20 21 22 23 24 25 CCD 10 9 8 7 6 5 4 3 2 1

Printed in the USA

تعلم ♦ تمرن ♦ انجح

تتوفر مواد طلاب *يوريكا الرياضيات® لقصة الوحدات® (من الروضة إلى الخامسة) في ثلاثية تعلم، مارس، انجح*. تدعم هذه السلسلة التمايز والمعالجة مع الاحتفاظ بمواد الطلاب منظمة ويمكن الوصول إليها. سيجد *المعلمون أن سلسلة كتب تعلم وتدرب وانجح تقدم أيضًا* موارد متماسكة - *وبالتالي أكثر فعالية - للاستجابة للتدخل (RTI)، وممارسة إضافية والتعلم الصيفي*.

تعلم

تُعد مادة تعلم يوريكا الرياضيات بمثابة رفيق للطالب في الصف حيث يظهرون تفكيرهم، ويشاركون ما يعرفونه، ويشاهدون معرفتهم وهي تبني كل يوم. يضم كتاب التعلم تجميعة الواجب الدراسي اليومي - مسائل التطبيق وتذاكر الخروج ومجموعات المسائل والقوالب - بحجم يسهل حمله والتنقل به.

تمرن

يبدأ كل درس في يوريكا الرياضيات بسلسلة من أنشطة الطلاقة النشطة والحيوية، بما في ذلك تلك الموجودة في تدريبات يوريكا الرياضيات. يمكن للطلاب الذين يجيدون حقائق الرياضيات الخاصة بهم إتقان المزيد من المواد بشكل أكثر عمقًا. مع *كتاب التمرين، يبني الطلاب الكفاءة في المهارات* المكتسبة حديثًا *ويعزّز التعلم السابق استعدادًا للدرس التالي.*

يوفر كتابا التعلم والتمرين كافة المواد المطبوعة التي سيستخدمها الطلاب لتدريس الرياضيات الأساسية.

إنجح

يُمكن قسم النجاح Eureka Math الطلاب من العمل بشكل فردي نحو الإتقان. تضفي مجموعات المسائل الإضافية محاذاة الدرس تلو الدرس مع تعليمات الفصل الدراسي أجواء مثالية للاستخدام كواجب منزلي أو تدريب إضافي. يرافق مساعد الواجبات المنزلية كل مجموعة مسائل، وهي عبارة عن الأمثلة العملية التي توضح كيفية حل المسائل المماثلة.

يمكن للمعلمين والمربيين استخدام كتب النجاح من مستويات الصف السابق كأدوات متوافقة مع المناهج لملء الفجوات في المعرفة التأسيسية. سيزدهر الطلاب ويتقدمون بشكل أسرع حيث تسهّل النماذج المألوفة الاتصال بمحتواهم الحالي على مستوى الصف.

EUREKA MATH®

الطلاب والأسر والمعلمين:

نشكرك على كونك جزءًا من مجتمع يوريكا الرياضيات®، حيث نحتفل برونق الرياضيات وتساؤلاتها وإثاراتها.

في الفصل الدراسي يوريكا الرياضيات، يتم تنشيط التعلم الجديد من خلال التجارب الغنية والحوار. *يضع كتاب التعلم بين يدي كل طالب المطالبات وتسلسل المسائل التي يحتاجون إليها للتعبير عن تعلمهم وتعزيزه في الفصل.*

ماذا يوجد بكتاب التعلم؟

مسائل تطبيقية: يعد حل المشكلات في سياق العالم الحقيقي جزءًا يوميًا من Eureka Math. يبني الطلاب الثقة والمثابرة وهم يطبّقون معرفتهم في مواقف جديدة ومتنوعة. يشجع المنهج الطلاب على استخدام عملية القراءة - الرسم - الكتابة (RDW)- اقرأ المسألة، وارسم لفهمها، واكتب معادلةً وحلًا. يُسهّل المعلمون أثناء مشاركة الطلاب لعملهم وشرح استراتيجيات الحلول لبعضهم البعض.

مجموعات المسائل: توفر مجموعة المسائل المتسلسلة بعناية فرصة داخل الفصل للعمل المستقل، مع نقاط دخول متعددة للتمايز. يمكن للمعلمين استخدام عملية التحضير والتخصيص لتحديد مسائل "يجب القيام به" لكل طالب. سيكمل بعض الطلاب مسائل أكثر من الآخرين؛ المهم هو أن جميع الطلاب لديهم فترة 10 دقائق لممارسة ما تعلموه على الفور، بدعم خفيف من معلمهم.

يحضر الطلاب مجموعة المسائل معهم إلى النقطة النهائية في كل درس: استخلاص المعلومات للطالب. هنا، يتأمل الطلاب مع أقرانهم ومعلميهم، في توضيح وتعزيز ما تساءلوا عنه، ولاحظوه، وتعلموه في ذلك اليوم.

تذاكر الخروج: يُظهر الطلاب لمعلمهم ما يعرفونه من خلال عملهم على تذكرة الخروج اليومية. يوفر التحقق من الفهم للمعلم أدلة قيّمة في الوقت الفعلي حول فعالية تعليمات ذلك اليوم، مما يمنح رؤية ثاقبة حول مكان التركيز التالي.

القوالب: من وقت لآخر، تتطلب مشكلة التطبيق أو مجموعة المسائل أو أي نشاط آخر في الفصل الدراسي أن يكون لدى الطلاب نسختهم الخاصة من صورة أو نموذج قابل لإعادة الاستخدام أو مجموعة بيانات. يُعرض كل درس من هذه النماذج مع الدرس الأول الذي يتطلب ذلك.

أين يمكنني معرفة المزيد عن موارد يوريكا الرياضيات؟

يلتزم فريق Great Minds® بدعم الطلاب والأسر والمعلمين من خلال مكتبة من الموارد المتزايدة باستمرار والمتوفرة على eureka-math.org. *يقدم الموقع أيضًا قصصًا ملهمة عن النجاح في مجتمع يوريكا الرياضيات. شارك أفكارك وإنجازاتك مع زملائك المستخدمين من خلال أن تصبح بطل Eureka Math.*

أطيب التمنيات لسنة مليئة بلحظات!

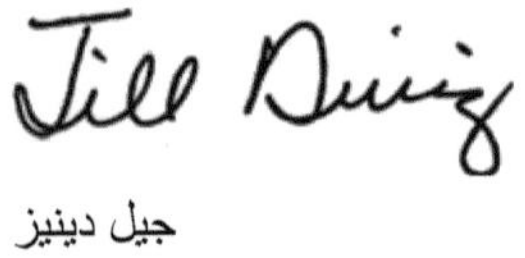

جيل دينيز

مدير الرياضيات

Great Minds

عملية القراءة - الرسم - الكتابة

يدعم منهج يوريكا الرياضيات الطلاب أثناء حل المسائل باستخدام عملية بسيطة ومتكررة قدّمها المعلم. تدعو عملية القراءة - الرسم - الكتابة (RDW) الطلاب إلى

1. قراءة المسألة.
2. ارسم وعنوّن.
3. اكتب معادلة.
4. اكتب كلمة من جملة (بيان).

يتم تشجيع المعلمين على تعزيز العملية التعليمية عن طريق الأسئلة الاعتراضية مثل

- ماذا ترى؟
- هل يمكنك رسم شيء؟
- ما الاستنتاجات التي يمكنك استخلاصها من الرسم الخاص بك؟

كلما زاد شارك الطلاب في التفكير من خلال المسائل مع هذا النهج المنهجي المنفتح، زاد استيعابهم لعملية التفكير وتطبيقها تلقائيًا لسنوات قادمة.

المحتويات

الوحدة 4: اجمع واطرح في حدود العدد 200 باستخدام المسائل الكلامية حتى العدد 100

موضوع أ: المجاميع والفروق في حدود العدد 100

الدرس 1 3
الدرس 2 11
الدرس 3 17
الدرس 4 23
الدرس 5 29

موضوع ب: الاستراتيجيات لتركيب عشرة

الدرس 6 35
الدرس 7 41
الدرس 8 47
الدرس 9 53
الدرس 10 59

موضوع ج: الاستراتيجيات لتحليل عشرة

الدرس 11 65
الدرس 12 71
الدرس 13 77
الدرس 14 83
الدرس 15 89
الدرس 16 95

موضوع د: الاستراتيجيات لتركيب عشرات ومئات

الدرس 17 99
الدرس 18 105
الدرس 19 113
الدرس 20 119
الدرس 21 125
الدرس 22 131

موضوع هـ: الاستراتيجيات لتحليل عشرات ومئات

الدرس 23 137
الدرس 24 143
الدرس 25 151
الدرس 26 157
الدرس 27 163
الدرس 28 169

موضوع و: شروح الطالب للأساليب الكتابية

الدرس 29 175
الدرس 30 181
الدرس 31 187

الوحدة 5: اجمع واطرح في حدود العدد 100 مع المسائل الكلامية حتى العدد 100

موضوع أ: استراتيجيات للجمع والطرح في حدود العدد 1000

الدرس 1 193
الدرس 2 203
الدرس 3 209
الدرس 4 215
الدرس 5 221
الدرس 6 227
الدرس 7 233

موضوع ب: الاستراتيجيات لتركيب عشرات ومئات في حدود العدد 1000

الدرس 8 241
الدرس 9 247
الدرس 10 253
الدرس 11 259
الدرس 12 265

موضوع ج: الاستراتيجيات لتحليل عشرات ومئات في حدود العدد 1000

الدرس 13 269
الدرس 14 275
الدرس 15 281
الدرس 16 287
الدرس 17 293
الدرس 18 299

موضوع د: شروح الطالب لاختيار الأساليب الكتابية

الدرس 19 305
الدرس 20 309

الصف الثاني
الوحدة 4

اقرأ (اقرأ المسألة بعناية.)

في الصباح، وجد يعقوب 23 صدفة على الشاطئ. وفي فترة ما بعد الظهر، وجد 10 صدفات أخرى. وفي المساء، وجد صدفة أخرى.

فكم إجمالي ما وجده يعقوب من الصدفات؟ وإذا أعطى 10 صدفات لشقيقه، فكم عدد الصدفات المتبقية لدى يعقوب؟

ارسم (ارسم صورة.)

اكتب (اكتب المعادلة وحلها).

اكتب (اكتب عبارة تتوافق مع القصة).

_____

_____

_____

الاسم _____ التاريخ _____

1. أكمل كل بيان أكثر من أو أقل من.

أ. 1 زائد 66 يساوي _____.

ب. 10 زائد 66 يساوي _____.

ج. 1 ناقص 66 يساوي _____.

د. 10 ناقص 66 يساوي _____.

هـ. 56 تساوي 10 زائد _____.

و. 88 تساوي 1 ناقص _____.

ز. _____ تساوي 10 ناقص 67.

ح. _____ تساوي 1 زائد 72.

ط. 86 تساوي _____ 96.

ي. 78 تساوي _____ 79.

2. ضع دائرة حول قاعدة كل نمط.

أ. 34, 33, 32, 31, 30, 29   أقل بمقدار 1   أكثر بمقدار 1   أقل بمقدار 10   أكثر بمقدار 10

ب. 53, 63, 73, 83, 93   أقل بمقدار 1   أكثر بمقدار 1   أقل بمقدار 10   أكثر بمقدار 10

3. أكمل كل نمط.

أ. 37, 38, 39, _____, _____, _____

ب. 68, 58, 48, _____, _____, _____

ج. 51, 50, _____, _____, _____, 46

د. 9, 19, _____, _____, _____, 59

4. أكمل كل بيان لتوضيح الرياضيات الذهنية باستخدام أسلوب الأسهم.

أ. 39 $\xleftarrow{+1}$ ______ 56 $\xleftarrow{+10}$ ______ 42 $\xleftarrow{-10}$ ______ 80 $\xleftarrow{-1}$ ______

ب. 32 $\xleftarrow{+1}$ ______ $\xleftarrow{+___}$ 43 87 $\xleftarrow{-10}$ ______ $\xleftarrow{-1}$ ______

ج. 48 $\xleftarrow{+10}$ ______ $\xleftarrow{+___}$ 68 $\xleftarrow{+10}$ ______ $\xleftarrow{+1}$ ______ $\xleftarrow{+1}$ ______

5. أكمل كل تسلسل.

أ. 45 $\xleftarrow{+10}$ ______ $\xleftarrow{-1}$ ______ $\xleftarrow{-1}$ ______ $\xleftarrow{-10}$ ______ $\xleftarrow{-10}$ ______

ب. 61 $\xleftarrow{-1}$ ______ $\xleftarrow{-1}$ ______ $\xleftarrow{+10}$ ______ $\xleftarrow{+10}$ ______ $\xleftarrow{-1}$ ______

6. حل كل مسألة كلامية باستخدام أسلوب الأسهم لتسجيلك رياضياتك الذهنية.

أ. أعد أشعياء بالأمس 39 كيس هدايا للضيوف من أجل حفلته. وأعد اليوم 23 كيسًا إضافيًا. فكم عدد أكياس هدايا الضيوف التي أعدها لحفلته؟

ب. يوجد 61 بالونًا. انفجر 12 بالونًا. فكم بالونًا تبقى؟

الاسم _____ التاريخ _____

1. أكمل كل نمط.

أ. 48، 47، 46، 45، 44، _____، _____، _____

ب. 78، 68، 58، 48، 38، _____، _____، _____

ج. 35، 34، 44، 43، 53، _____، _____، _____

2. أنشئ نمطين باستخدام أحد هذه القواعد لكل مما يلي: +1 أو -1 أو +10 أو -10.

أ. _____، _____، _____، _____

قاعدة النمط (أ): _____

ب. _____، _____، _____، _____

قاعدة النمط (ب): _____

مخطط القيمة المكانية للعشرات غير المصنفة.

اقرأ (اقرأ المسألة بعناية.)

تمتلك سوزان 57 سنتًا في حصالتها. وإذا وضعت 30 سنتًا بحصالتها اليوم، فكم كان لديها بالأمس؟

ارسم (ارسم صورة.)

اكتب (اكتب المعادلة وحلها).

اكتب (اكتب عبارة تتوافق مع القصة).

_____

_____

_____

الاسم ______________________________ التاريخ ______________

1. حل باستخدام استراتيجيات القيمة المكانية. استخدم سبورتك الشخصية البيضاء لتوضيح أسلوب الأسهم أو الروابط الرقمية، أو استخدم الرياضيات الذهنية فقط، وسجل إجاباتك.

أ. 5 عشرات + 3 عشرات = ______ عشرات وعشرتان + 7 عشرات = ______ شرات

______ = 30 + 50 ______ = 70 + 20

ب. _____ = 30 + 24 _____ = 24 + 50 _____ = 50 + 14

ج. _____ = 37 + 20 _____ = 40 + 37 _____ = 27 + 60

د. 87 = _____ + 57 74 = 34 + _____ 69 = _____ + 19

هـ. 86 = 56 + _____ 78 = _____ + 38 72 = _____ + 12

2. حل باستخدام استراتيجيات القيمة المكانية.

أ. 8 عشرات - عشرتان = ______ عشرات 7 عشرات - 3 عشرات = ______ عشرات

______ = 20 - 80 ______ = 30 - 70

ب. ______ = 40 - 78 ______ = 30 - 56 ______ = 50 - 88

ج. 24 = ______ - 84 37 = ______ - 57 43 = ______ - 93

د. 23 = ______ - 83 34 = ______ - 54 41 = ______ - 91

3. حل.

أ. _____ + 39 = 69

ب. 8 عشرات و7 آحاد - 3 عشرات = _____

ج. _____ + 5 عشرات = 7 عشرات

د. _____ + 5 عشرات و6 آحاد = 8 عشرات و6 آحاد

هـ. 48 آحاد - 2 عشرات = _____ عشرات _____ آحاد

4. لدى مارك 78 قطعة لغز. وضاعت منه 30 قطعة. فكم قطعة تبقت لدى مارك؟ استخدم أسلوب الأسهم لتوضيح استراتيجيتك المبسطة.

الاسم _____ التاريخ _____

أكمل العدد المفقود لوضع بيان صحيح.

1. 50 + 20 = _____

2. 4 عشرات + 3 عشرات = _____ عشرات

3. 7 عشرات - _____ عشرات = 5 عشرات

4. _____ - 20 = 63

5. 6 عشرات + عشرة واحدة و4 آحاد = 9 عشرات و4 آحاد - _____ عشرات

اقرأ (اقرأ المسألة بعناية.)

وضع تيريل 19 طابعًا في كتابها في يوم الاثنين.

ووضع 32 طابعًا في يوم الثلاثاء.

أ. فكم طابعًا وضعه تيريل في كتابه في يومي الاثنين والثلاثاء؟

ب. إذا كان كتاب تيريل يحتوي على 90 طابعًا، فكم طابعًا إضافيًا يحتاجه لملء كتابه؟

ارسم (ارسم صورة.)

اكتب (اكتب المعادلة وحلها).

اكتب (اكتب عبارة تتوافق مع القصة).

أ.
_____
_____

ب.
_____
_____

الاسم _____ التاريخ _____

1. حل كل مسألة باستخدام أسلوب الأسهم.

أ.
20 + 38

21 + 38

19 + 38

ب.
40 + 47

41 + 47

39 + 47

ج.
10 - 34

11 - 34

9 - 34

د.
20 - 45

21 - 45

19 - 45

2. حل باستخدام أسلوب الأسهم أو الروابط الرقمية أو الرياضيات الذهنية. استخدم ورق خدش إذا تطلب الأمر.

أ. 49 + 20 = ____	21 + 49 = ____	49 + 19 = ____
ب. 23 + 70 = ____	23 + 71 = ____	69 + 23 = ____
ج. 84 - 20 = ____	84 - 21 = ____	84 - 19 = ____
د. 94 - 41 = ____	94 - 39 = ____	94 - 37 = ____
هـ. 73 - 29 = ____	52 - 29 = ____	85 - 29 = ____

3. تشتري والدة جيسي وجبات خفيفة لصفه الدراسي. حيث اشترت 22 تفاحة و19 برتقالة و49 من الفراولة. فكم قطعة فاكهة اشترتها والدة جيسي؟

قصة الوحدات الدرس 3 تذكرة الخروج 2•4

الاسم _____ التاريخ _____

1. حل باستخدام أسلوب الأسهم أو الروابط الرقمية.

   أ. 43 + 30 = _____

   ب. 68 + 24 = _____

   ج. 82 - 51 = _____

   د. 28 - 19 = _____

2. وضح أو اشرح كيف استخدمت الرياضيات الذهنية لحل إحدى المسائل المذكورة أعلاه.

اقرأ (اقرأ المسألة بعناية.)

اشترى كارلوس 61 قميصًا. وأعطى منها 29 قميصًا لأصدقائه. فكم قميصًا تبقى لدى كارلوس؟

ارسم (ارسم صورة.)

اكتب (اكتب المعادلة وحلها).

2•4 الدرس 4 مسائل تطبيقية قصة الوحدات

اكتب (اكتب عبارة تتوافق مع القصة).

24 الدرس 4: اجمع واطرح مضاعفات العدد 10 وبعض الآحاد للأعداد في حدود العدد 100.

الاسم _____ التاريخ _____

1. حل. ارسم مخططًا شريطيًا وسمِّه لطرح العشرات. اكتب الجملة الرقمية الجديدة.

أ. 23 - 9 = 24 - 10 = _____

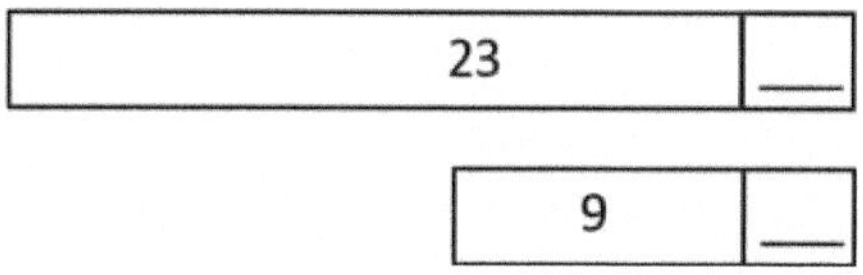

| 23 | __ |
| 9 | __ |

ب. 32 - 19 = _____ = _____

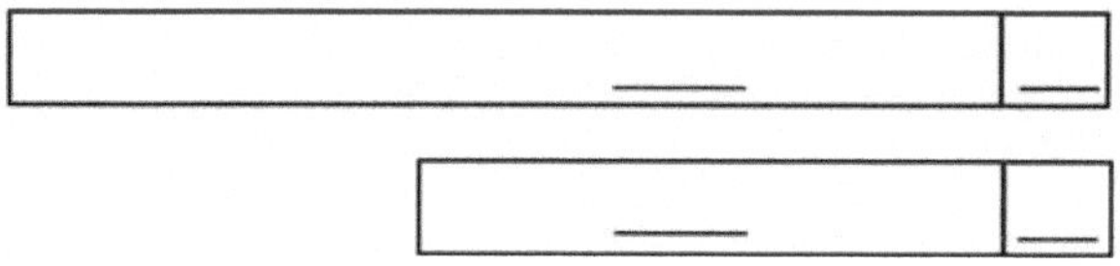

ج. 50 - 29 = _____ = _____

د. 47 - 28 = _____ = _____

2. حل. ارسم مخططًا شريطيًا وسمِّه لجمع العشرات. اكتب الجملة الرقمية الجديدة.

أ. 29 + 46 = ‎ 45 + 30 ‎ = _____

| 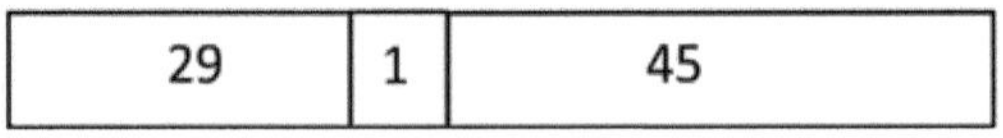 29 | 1 | 45 |

ب. 38 + 45 = _____ = _____

ج. 61 + 29 = _____ = _____

د. 27 + 68 = _____ = _____

الاسم _____ التاريخ _____

1. حل. ارسم مخططًا شريطيًا أو رابطة رقمية لجمع أو طرح العشرات. اكتب الجملة الرقمية الجديدة.

   أ.   26 + 38 = _____ = _____

   ب.   83 - 46 = _____ = _____

2. استعار كريج 28 كتابًا من المكتبة. وقرأ بعض الكتب وأعادها للمكتبة. ومازال لديه 19 كتابًا مستعارًا. فكم عدد الكتب التي أعادها كريج للمكتبة؟ ارسم مخططًا شريطيًا أو رابطة رقمية للحل.

الاسم _____   التاريخ _____

حل ووضح استراتيجيتك.

1. يوجد 39 كتابًا على رف الكتب العلوي. وضع مارسي 48 كتابًا إضافيًا على الرف العلوي. فكم عدد الكتب الموضوعة على الرف العلوي الآن؟

2. يوجد 53 قلم رصاص عادي وبعض أقلام الرصاص الملونة في السلة. يوجد ما إجماليه 91 قلم رصاص في السلة. فكم عدد أقلام الرصاص الملونة الموجودة بالسلة.

3. حل هنري 24 مسألة من مسائل واجبه المنزلي. وبقيت 51 مسألة بحاجة للحل. فكم إجمالي المسائل الرياضية الموجودة على ورقة واجبه المنزلي؟

4. يمتلك ماثيو 68 ملصقًا. ويمتلك شقيقه 29 ملصقًا أقل مما يملكه ماثيو.

   أ. فكم عدد الملصقات التي يمتلكها شقيق ماثيو؟

   ب. وكم عدد الملصقات التي يمتلكها ماثيو وشقيقه معًا؟

5. يوجد 47 صورة في الألبوم الأزرق. ويحتوي الألبوم الأزرق على 32 صورة أكثر مما يحتويه الألبوم الأحمر.

أ. فكم عدد الصور الموجودة في الألبوم الأحمر؟

ب. وكم عدد الصور الموجودة في الألبومين الأزرق والأحمر معًا؟

6. تمتلك كيرا 62 مكعبًا وتمتلك بيتي 37 مكعبًا. واستبعدا 75 مكعبًا. فكم مكعبًا تبقى لديهما؟

الدرس 5 تذكرة الخروج 2•4

الاسم ______________________________ التاريخ ________________

حل ووضح استراتيجيتك.

1. باع متجرًا 58 قميصًا وتبقى لديه 25 قميصًا.

أ. فكم عدد القمصان التي كانت لدى المحل منذ البداية؟

ب. وإذا استرجع 17 قميصًا، فكم عدد القمصان التي لدى المتجر الآن؟

2. سبح ستيف 23 لفة بالمسبح في يوم السبت، و28 لفة في يوم الأحد، و36 لفة في يوم الاثنين. فكم لفة سبحها ستيف؟

اقرأ (اقرأ المسألة بعناية.)

يجمع طلاب صف السيد/ والي 36 عبوات صفيحية لبرنامج إعادة التدوير. ثم أحضر أزنيف 8 عبوات إضافية. فكم عدد العبوات التي لدى الصف الآن؟

ارسم (ارسم صورة.)

اكتب (اكتب المعادلة وحلها).

اكتب (اكتب عبارة تتوافق مع القصة).

_____

_____

_____

الاسم _____ التاريخ _____

1. حل باستخدام الرياضيات الذهنية، إذا استطعت. استخدم مخطط أو أقراص القيمة المكانية الخاصين بك لحلها إن لم تستطع حلها ذهنيًا.

أ. 6 + 8 = _____   30 + 8 = _____   36 + 8 = _____   36 + 48 = _____

ب. 5 + 7 = _____   20 + 7 = _____   25 + 7 = _____   25 + 57 = _____

2. حل المسائل التالية باستخدام مخطط أو أقراص القيمة المكانية الخاصين بك. ركب عشرة، إذا لزم الأمر. فكر في أي منها يمكنك حلها ذهنيًا أيضًا!

أ. 35 + 5 = _____   35 + 6 = _____

ب. 26 + 4 = _____   26 + 5 = _____

ج. 54 + 15 = _____   54 + 18 = _____

د. 67 + 23 = _____   67 + 25 = _____

هـ. 45 + 26 = _____   45 + 23 = _____

و. 58 + 23 = _____   58 + 25 = _____

ز. 49 + 37 = _____   52 + 36 = _____

3. يوجد 47 زرًا أزرقًا و25 زرًا أسودًا في درج شون. فكم عدد الأزرار في درجه؟

لمسات أخيرة استباقية:

4. لدى ليزلي 24 شريط شعر أزرقًا و24 شريط شعر ورديًا. واشترت من المتجر 17 شريط شعر أزرقًا إضافيًا و13 شريط شعر ورديًا إضافيًا.

أ. فكم عدد شرائط الشعر الزرقاء التي لديها الآن؟

ب. وكم عدد شرائط الشعر الوردية التي لديها الآن؟

ج. ولدى جادا 29 شريطًا ورديًا أكثر مما لدى ليزلي. فكم عدد الشرائط الوردية التي لدى جادا؟

الاسم _____ التاريخ _____

حل المسائل التالية باستخدام مخطط أو أقراص القيمة المكانية الخاصين بك. ركب عشرة، إذا لزم الأمر. فكر في أي منها يمكنك حلها ذهنيًا أيضًا!

1. 53 + 19 = _____

2. 44 + 27 = _____

3. 64 + 28 = _____

اقرأ (اقرأ المسألة بعناية.)

وضعت دجاجات المزارع أنديتو 47 بيضة بنية و39 بيضة بيضاء.

فكم عدد البيض الذي وضعته الدجاجات إجمالاً؟

ارسم (ارسم صورة.)

اكتب (اكتب المعادلة وحلها).

اكتب (اكتب عبارة تتوافق مع القصة).

_____

_____

_____

الدرس 7 مجموعة مسائل

الاسم _____ التاريخ _____

1. حل المسائل التالية باستخدام الشكل الرأسي ومخطط وأقراص القيمة المكانية الخاصين بك. كون عشرة، إذا لزم الأمر. فكر في أي منها يمكنك حلها ذهنيًا أيضًا!

   أ. 8 + 22   9 + 21

   ب. 17 + 34   18 + 33

   ج. 34 + 48   36 + 46

   د. 68 + 27   69 + 26

تدريبات إضافية على اللمسات الاستباقية: حل المسائل التالية باستخدام مخطط وأقراص القيمة المكانية الخاصين بك. كون عشرة، إذا لزم الأمر.

2. أحضرت سامانثا العنب إلى المدرسة لتناول وجبة خفيفة. لديها 27 حبة عنب أخضر و58 حبة عنب أحمر. فكنم عدد حبات العنب التي أحضرتها إلى المدرسة؟

3. قرأ توماس 29 صفحة من كتابه الجديد في يوم الاثنين. وفي يوم الثلاثاء، قرأ 35 صفحة إضافية أكثر مما قرأه يوم الاثنين.

أ. فكم صفحة قرأها توماس في يوم الثلاثاء؟

ب. وكم صفحة قرأها توماس في كلا اليومين؟

الاسم _____ التاريخ _____

1. حل المسائل التالية باستخدام الشكل العامودي ومخطط وأقراص القيمة المكانية الخاصين بك. كون عشرة، إذا لزم الأمر. فكر في أي منها يمكنك حلها ذهنيًا أيضًا!

   أ. 47 + 34

   ب. 54 + 27

2. اشرح كيف الجزء (أ) بالمسألة الأولى يمكن أن يساعدك في حل الجزء (ب) بالمسألة الأولى.

اقرأ (اقرأ المسألة بعناية.)

في معرض المدرسة، بيعت 29 قطعة كب كيك، وتبقت 19 قطعة منها. فكم عدد قطع الكب كيك التي أُحضرتك إلى المعرض؟

ارسم (ارسم صورة.)

اكتب (اكتب المعادلة وحلها).

اكتب (اكتب عبارة تتوافق مع القصة).

_____

_____

_____

الاسم ______________________ التاريخ ______________

1. حل عامودياً. ارسم وكون أقراص القيمة المكانية على مخطط القيمة المكانية.

أ. 27 + 15 = __________

ب. 44 + 26 = __________

ج. 48 + 31 = __________

د. 33 + 59 = __________

هـ. 27 + 45 = ____________

و. 18 + 68 = ____________

2. يوجد 23 جهاز كمبيوتر محمول في غرفة الكمبيوتر و27 جهاز كمبيوتر محمول في الصف الدراسي للصف الأول الابتدائي. فكم عدد أجهزة الكمبيوتر المحمولة في غرفة الكمبيوتر والصف الدراسي للصف الأول الابتدائي معًا؟

لمسات أخيرة استباقية:

3. أعطت السيدة أندرسون 36 قلم رصاص لصفها وتبقى لديها 48 قلم رصاص. فكم عدد أقلام الرصاص التي لدى السيدة/ أندرسون من البداية؟

الاسم _____ التاريخ _____

استخدم لغة القيمة المكانية لشرح خطأ زين. ثم حل باستخدام الشكل الرأسي. ارسم وكون أقراص القيمة المكانية على مخطط القيمة المكانية الخاص بك.

إجابة زين

_____ = 35 + 59

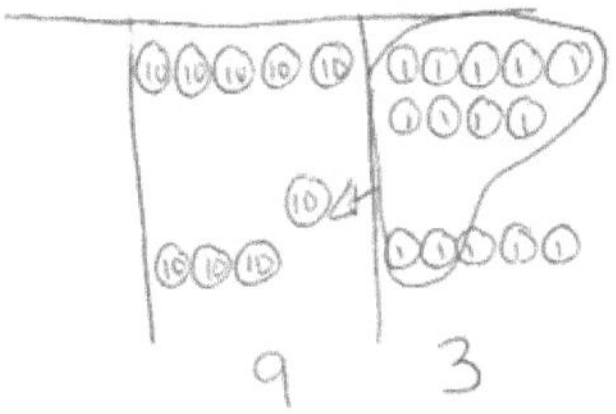

خطأ زين

إجابتي

اقرأ (اقرأ المسألة بعناية.)

أفرغت ماريا علبة من مشابك الأوراق. سقطت المشابك على مكتبها والأرضية. بحيث سقط 20 منها على مكتبها. وسقط على الأرضية 5 مشابك أكثر مما سقط على مكتبها. فكم مشبك أوراق قد أفرغته من العلبة؟

ارسم (ارسم صورة.)

اكتب (اكتب المعادلة وحلها).

اكتب (اكتب عبارة تتوافق مع القصة).

_____

_____

_____

الاسم _____ التاريخ _____

1. حل باستخدام الخوارزمية. ارسم وكون أقراص على مخطط القيمة المكانية.

أ. 123 + 16 = _____

مئات	عشرات	آحاد

ب. 111 + 79 = _____

مئات	عشرات	آحاد

ج. 109 + 33 = _____

مئات	عشرات	آحاد

د. ‎138 + 57 = _____

مئات	عشرات	آحاد

2. باع خوسيه 127 كتابًا في الصباح. وباع 35 كتابًا أخر في فترة ما بعد الظهر. وتبقى لديها 19 كتابًا في نهاية اليوم.

أ. فكم كتابًا باعه خوسيه؟

مئات	عشرات	آحاد

ب. وكم كتابًا كان لدى خوسيه منذ بداية اليوم؟

مئات	عشرات	آحاد

الاسم _____ التاريخ _____

1. حل باستخدام الخوارزمية. اكتب جملة رقمية للمسألة الموضحة على مخطط القيمة المكانية.

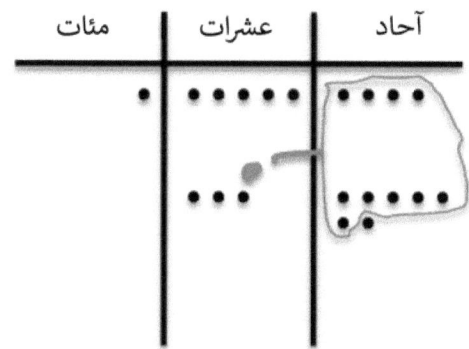

2. حل باستخدام الخوارزمية. ارسم وكون أقراص على مخطط القيمة المكانية.

136 + 39 = _____

مئات	عشرات	آحاد

2•4 الدرس 10 مسائل تطبيقية

اقرأ (اقرأ المسألة بعناية.)

باع موسى 24 تذكرة يانصيب في يوم الاثنين وباع في يوم الثلاثاء 4 تذاكر أقل مما باعه في يوم الاثنين. فكم تذكرة باعها في كلا اليومين؟

ارسم (ارسم صورة.)

اكتب (اكتب المعادلة وحلها).

اكتب (اكتب عبارة تتوافق مع القصة).

_____

_____

_____

الاسم ____________________ التاريخ ____________

1. حل باستخدام الخوارزمية. ارسم وكون أقراص حيث أمكنك ذلك.

أ. 18 + 127 = ________

مئات	عشرات	آحاد

ب. 16 + 136 = ________

مئات	عشرات	آحاد

ج. 41 + 109 = ________

مئات	عشرات	آحاد

د. 148 + 29 = ________

مئات	عشرات	آحاد

هـ. 79 + 107 = ________

مئات	عشرات	آحاد

قبل تكوين عشرة ______ آحاد ______ عشرات ______ مئات

وبعد تكوين عشرة ______ آحاد ______ عشرات ______ مئات

2. أ. في يوم السبت، جنت كولين 4 عملات نقدية من فئة العشر دولارات و18 عملة نقدية من فئة الدولار الواحد نظير عملها بالمزرعة. فكم مقدار المال الذي جنته؟

مئات	عشرات	آحاد

ب. وفي يوم الأحد، جنت كولين عملتين نقديتين من فئة العشر دولارات و16 عملة نقدية من فئة الدولار الواحد. فكم مقدار المال الذي جنته في كلا اليومين؟

مئات	عشرات	آحاد

الاسم _____ التاريخ _____

1. حل باستخدام الخوارزمية. ارسم وكون أقراص حيث أمكنك ذلك.

   137 + 27

مئات	عشرات	آحاد

2. أكمل الفراغات باستخدام المسألة السابقة. استخدم لغة القيمة المكانية لشرح كيفية استخدامك التكوين لإعادة تسمية الحل.

   قبل تكوين عشرة   _____ آحاد   _____ عشرات   _____ مئات

   وبعد تكوين عشرة   _____ آحاد   _____ عشرات   _____ مئات

   الشرح

اقرأ (اقرأ المسألة بعناية.)

قطفت شيلبي 35 برتقالة. منها 5 برتقالات معطوبات.

أ. فكم عدد البرتقالات غير المعطوبات التي لدى شيلبي؟

ب. قطفت روزا 35 برتقالة، ولكن منها 6 برتقالات معطوبات. فكم عدد البرتقالات غير المعطوبات التي لدى روزا؟

ارسم (ارسم صورة.)

اكتب (اكتب المعادلة وحلها).

اكتب (اكتب عبارة تتوافق مع القصة).

أ.
_____
_____

ب.
_____
_____

الاسم ______________________ التاريخ ______________

1. حل باستخدام الرياضة الذهنية.

أ. 8 - 7 = ______ 38 - 7 = ______ 38 - 8 = ______ 38 - 9 = ______

ب. 7 - 6 = ______ 87 - 6 = ______ 87 - 7 = ______ 87 - 8 = ______

2. حل المسائل التالية باستخدام مخطط أو أقراص القيمة المكانية الخاصين بك. فك تكوين عشرة، إذا لزم الأمر. فكر في أي من المسائل يمكنك حلها ذهنيًا أيضًا!

أ. 28 - 7 = ______ 28 - 9 = ______

ب. 25 - 5 = ______ 25 - 6 = ______

ج. 30 - 5 = ______ 33 - 5 = ______

د. 47 - 22 = ______ 41 - 22 = ______

هـ. 44 - 16 = ______ 44 - 26 = ______

و. 70 - 28 = ______ 80 - 28 = ______

EUREKA MATH

3. حل 56 - 28، واشرح استراتيجيتك.

لمسات أخيرة استباقية:

4. يوجد 63 مسألة في اختبار الرياضيات. حلت تمارا 48 مسألة بشكل صحيح، ولكن باقي المسائل حُلت بشكل خاطئ. فكم عدد المسائل التي حُلت بشكل خاطئ؟

5. لدى السيد/ روز 7 طلابًا أقل مما لدى السيدة/ جوردن. ولدى السيد/ روز 35 طالبًا. فكم عدد طلاب السيدة/ جوردن؟

الاسم _____ التاريخ _____

حل لإيجاد الجزء المفقود. استخدم مخطط وأقراص القيمة المكانية الخاصين بك.

1.
   - 56
   - ( )
   - 71

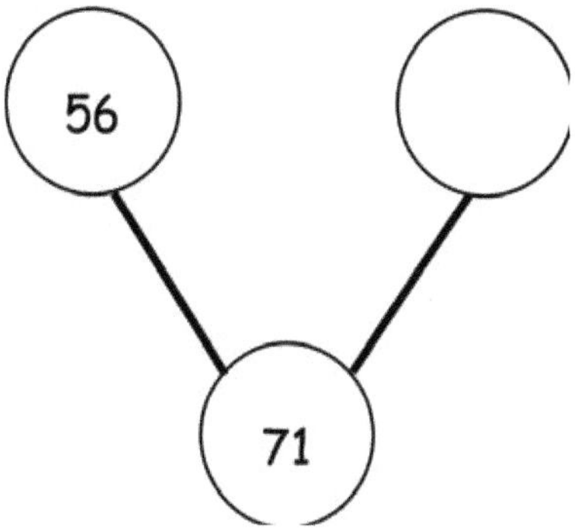

2.
   - ( )
   - 38 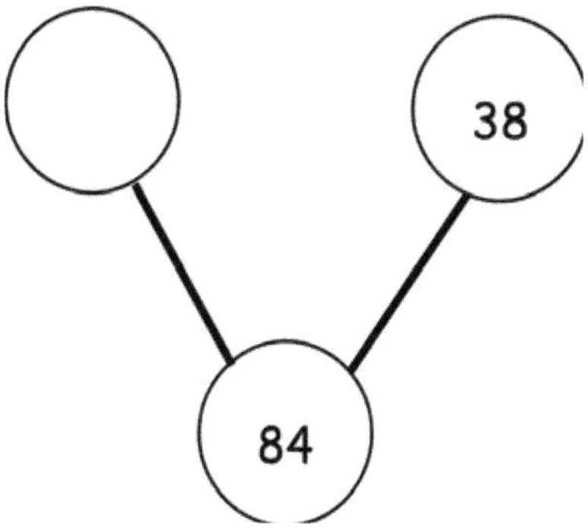
   - 84

2•4 الدرس 12 مسائل تطبيقية

اقرأ (اقرأ المسألة بعناية.)

لدى بارب كيسًا به 34 حبة كرز. وأكلت منه 17 حبة كرز كوجبة خفيفة. فكم حبة كرز بقيت لديها؟

ارسم (ارسم صورة.)

اكتب (اكتب المعادلة وحلها).

اكتب (اكتب عبارة تتوافق مع القصة).

_____

_____

_____

الاسم _____ التاريخ _____

1. استخدم أقراص القيمة المكانية لحل كل مسألة. أعد كتابة المسألة بشكل رأسي، وسجل كل خطوة كما هو موضح في المثال المحلول.

أ. 22 - 18   ب. 20 - 12

ج. 34 - 25   د. 25 - 18فكم

هـ. 53 - 29   و. 71 - 27

2. حل كلاً من تيري وبام مسألة 64 - 49. ولقد توصلا إلى إجاباتين مختلفتين ولا يمكنهما الاتفاق على أي الإجابتين هي الصحيحة. وكانت إجابة تيري هي 25 وإجابة بام 15. استخدم أقراص القيمة المكانية لشرح أي الإجابتين هي الصحيحة، وأعد كتابة المسألة بشكل رأسي لحلها.

لمسات أخيرة استباقية:

3. لدى سامانثا 42 قطعة رخام، ولدى غراهام 17 قطعة رخام.

   أ. فكم يزيد عدد قطع الرخام لدى سامانثا عما لدى غراهام.

   ب. لدى جيمس 24 قطعة رخام أقل مما لدى سامانثا. فكم قطعة رخام لدى جيمس؟

قصة الوحدات | الدرس 12 تذكرة الخروج | 2●4

الاسم _____ التاريخ _____

أخطأت شيري أثناء الطرح. اشرح خطأها.

عمل شيري:

$$\begin{array}{r} \overset{14}{4\!\!\!\backslash 4} \\ -26 \\ \hline 28 \end{array}$$

الشرح:

_____
_____
_____
_____
_____
_____

اقرأ (اقرأ المسألة بعناية.)

ذهبت السيدة/ بيتشي للتسوق بمبلغ 42 دولارًا. وأنفقت 18 دولارًا. فكم من المال بقي معها؟

ارسم (ارسم صورة.)

اكتب (اكتب المعادلة وحلها).

اكتب (اكتب عبارة تتوافق مع القصة).

_____

_____

_____

الاسم _____ التاريخ _____

1. حل عامودياً. ارسم مخطط وأقراص القيمة المكانية لعرض كل مسألة. وضح كيفية تغييرك عشرة واحدة إلى 10 آحاد، إذا لزم الأمر.

أ. 31 - 19 = _____

ب. 46 - 24 = _____

ج. 51 - 33 = _____

د. 67 - 49 = _____

هـ. 66 - 48 = _____

و. 77 - 58 = _____

2. حل 31 - 27 و 25 - 15 بشكل عامودي باستخدام الفراغ أدناه. ضع دائرة حول الجملة الرقمية ترمز إلى صحتها أو خطأها.

صح أم خطأ

15 - 25 = 27 - 31

3. حل 78 - 43 و 81 - 46 بشكل عامودي باستخدام الفراغ أدناه. ضع دائرة حول الجملة الرقمية ترمز إلى صحتها أو خطأها.

صح أم خطأ

46 - 81 = 43 - 78

4. لدى السيدة/ سميث 35 حبة طماطم في حديقتها. ولدى السيدة/ تومبسون 52 حبة طماطم في حديقتها. فكم يقل عدد حبات الطماطم التي لدى السيدة/ سميث عما لدى السيدة/ تومبسون؟

الاسم _____ التاريخ _____

حل عامودياً. ارسم مخطط وأقراص القيمة المكانية لعرض كل مسألة. وضح كيفية تغييرك عشرة واحدة إلى 10 آحاد، إذا لزم الأمر.

1. 75 − 28 = _____

2. 63 − 35 = _____

اقرأ (اقرأ المسألة بعناية.)

يبلغ الطول الإجمالي للخيط الأحمر والخيط الأرجواني 73 سم. ويبلغ طول الخيط الأحمر 18 سم. فكم يبلغ طول الخيط الأرجواني؟

تمديد: أوجد الفرق بين طول الخيطين.

ارسم (ارسم صورة.)

اكتب (اكتب المعادلة وحلها).

قصة الوحدات 2●4

الدرس 14 مسائل تطبيقية

اكتب (اكتب عبارة تتوافق مع القصة).

_____

_____

_____

الاسم _____ التاريخ _____

1. حل بكتابة المسألة بشكل عامودي. ضع علامة على نتيجة باستخدام أقراص الرسم على مخطط القيمة المكانية. غير عشرة واحدة إلى 10 آحاد، إذا لزم الأمر.

   أ. 134 - 23 = _____

مئات	عشرات	آحاد

   ب. 140 - 12 = _____

مئات	عشرات	آحاد

   ج. 121 - 14 = _____

مئات	عشرات	آحاد

د. 161 - 26 = ______

آحاد	عشرات	مئات

هـ. 187 - 49 = ______

آحاد	عشرات	مئات

2. حل المسائل التالية رأسيًا دون استخدام مخطط القيمة المكانية.

أ. 63 - 28 = ______	ب. 163 - 28 = ______

الاسم _____ التاريخ _____

حل بكتابة المسألة بشكل عامودي. ضع علامة على نتيجة باستخدام أقراص الرسم على مخطط القيمة المكانية. غير عشرة واحدة إلى 10 آحاد، إذا لزم الأمر.

1. 145 − 28 = _____

مئات	عشرات	آحاد

2. 151 − 39 = _____

مئات	عشرات	آحاد

اقرأ (اقرأ المسألة بعناية.)

يوجد 136 طالبًا في الصف الثاني مدرسة مايلز ديفيس الابتدائية. أحضر 27 منهم كيس غداء إلى المدرسة. واشترى البقية غداءً ساخنًا. فكم طالبًا اشترى غداءً ساخنًا؟

ارسم (ارسم صورة.)

اكتب (اكتب المعادلة وحلها).

2•4 الدرس 15 مسائل تطبيقية
قصة الوحدات

اكتب (اكتب عبارة تتوافق مع القصة).

90 الدرس 15: مثّل الطرح باستخدام التحليل أو بدونه حال وجود عدد مطروح منه مكون من ثلاث أرقام.

الاسم ______________________________ التاريخ ______________

1. حل كل مسألة باستخدام الشكل الرأسي. اشرح الطرح على مخطط القيمة المكانية بالأقراص. غير عشرة واحدة إلى 10 آحاد، إذا لزم الأمر.

أ. 173 - 42

مئات	عشرات	آحاد

ب. 173 - 38

مئات	عشرات	آحاد

ج. 170 - 44

مئات	عشرات	آحاد

د. 150 - 19

مئات	عشرات	آحاد

هـ. 186 - 57

مئات	عشرات	آحاد

2. حل المسائل التالية بدون استخدام مخطط القيمة المكانية.

ب. 170 - 53	أ. 73 - 56

الاسم ______________________ التاريخ ______________

حل باستخدام الشكل الرأسي. اشرح الطرح على مخطط القيمة المكانية بدون الأقراص. غير عشرة واحدة إلى 10 آحاد، إذا لزم الأمر.

1. 164 - 49

آحاد	عشرات	مئات

2. 181 - 73

آحاد	عشرات	مئات

الاسم ______________________ التاريخ ______________

حل المسائل الكلامية التالية. استخدم أسلوب اقرأ وارسم واكتب.

1. عد فريدريك ما مجموعه 80 زهرة في الحديقة. يوجد 39 زهرة بيضاء وباقي الزهرات وردية. فكم عدد الزهرات الوردية؟

2. لدى متجر ملابس 42 قميصًا. وبعد بيع بعضها، تبقى 16 قميصًا. فكم عدد القمصان المباعة؟

3. يوجد 26 مجلة على الرف (أ) و60 مجلة على الرف (ب). فكن يزيد عدد المجلات الموجودة على الرف (ب) عن الموجودة على الرف (أ)؟

4. أمضى أندي 71 ساعة في الدراسة في شهر نوفمبر.

وفي ديسمبر، أمضى 19 ساعة أقل مما أمضاه في نوفمبر.
ودرست راشيل 22 ساعة أكثل مما درسه أندي في ديسمبر.
فكم عدد ساعات دراسة راشيل في ديسمبر؟

5. يوجد 36 كتابًا في السلة الزرقاء.

وتحتوي السلة الزرقاء على 18 كتابًا أكثر مما تحتويه السلة الحمراء.
وتحتوي السلة الصفراء على 7 كتب أكثر مما تحتويه السلة الحمراء.

أ. فكن كتابًا في السلة الحمراء؟

ب. وكم كتابًا في السلة الصفراء؟

الاسم _____ التاريخ _____

حل المسائل الكلامية التالية. استخدم أسلوب اقرأ وارسم واكتب.

1. باع متجر الكتب 83 كتابًا في يوم الاثنين.
   وفي يوم الثلاثاء، باع 46 كتابًا أقل مما باعه في يوم الاثنين.

   أ. فكم كتابًا باع المتجر في يوم الثلاثاء؟

   ب. باع متجر الكتب في يوم الثلاثاء 28 كتابًا أكثر مما باعه في يوم الأربعاء.
   فكم كتابًا باعه متجر الكتب في يوم الأربعاء؟

الدرس 17 مسائل تطبيقية

اقرأ (اقرأ المسألة بعناية.)

تحتوي علب المحايات على 10 محايات. لدى فيكتور 14 علبة. ولدى غابي 5 علب.

أ. فكم محاية لدى فيكتور؟

ب. وكم محاية لدى غابي؟

ج. إذا حصل غابي على علبة أخرى، فكم عدد المحايات التي لديهما معًا؟

ارسم (ارسم صورة.)

اكتب (اكتب المعادلة وحلها).

أُكتب (أُكتب عبارة تتوافق مع القصة).

أ. ______________________________

____

ب. ______________________________

____

ج. ______________________________

____

2•4 الدرس 17 مجموعة مسائل

الاسم ______________________ التاريخ ____________

1. حل ذهنيًا.

أ. آحادان + ________ = عشرة واحدة

2 + ________ = 10

عشرتان + ________ = مائة واحدة

20 + ________ = 100

ب. عشرة واحدة = ________ + 6 آحاد

10 = ________ + 6

مائة واحدة = ________ + 6 عشرات

100 = ________ + 60

ج. 3 آحاد + 7 آحاد = ________ عشرة

3 + 7 = ________

3 عشرات + 7 عشرات = ________ عشرات

30 + 70 = ________

13 عشرات + 7 عشرات = ________ عشرات

130 + 70 = ________

د. 6 آحاد + 4 آحاد = ________ عشرة

6 + 4 = ________

16 عشرات + 4 عشرات = ________ مئات

160 + 40 = ________

هـ. 12 آحاد + 8 آحاد = ________ عشرات

12 + 8 = ________

12 عشرات + 8 عشرات = ________ مئات

120 + 80 = ________

2. حل.

أ. 9 آحاد + 4 آحاد = _____ عشرة _____ آحاد
   9 + 4 = _____

   9 عشرات + 4 عشرات = _____ مائة _____ عشرات
   90 + 40 = _____

ب. 4 عشرات + 8 عشرات = _____ عشرة _____ آحاد
   4 + 8 = _____

   4 عشرات + 8 عشرات = _____ مائة _____ عشرات
   40 + 80 = _____

ج. 6 آحاد + 7 آحاد = _____ عشرة _____ آحاد
   6 + 7 = _____

   6 عشرات + 7 عشرات = _____ مائة _____ عشرات
   60 + 70 = _____

3. أكمل الفراغات. ثم أكمل جملة الجمع. تم حل المسألة الأولى للتوضيح.

أ. 24 $\xrightarrow{+6}$ 30 $\xrightarrow{+70}$ 100

   24 + 76 = 100

ب. 124 $\xrightarrow{+6}$ _____ $\xrightarrow{+70}$ _____

   124 + _____ = _____

ج. 7 $\xrightarrow{+3}$ _____ $\xrightarrow{+90}$ _____ $\xrightarrow{+100}$ _____

   7 + _____ = _____

د. 70 $\xrightarrow{+30}$ _____ $\xrightarrow{+90}$ _____ $\xrightarrow{+10}$ _____

   70 + _____ = _____

هـ. 38 $\xrightarrow{+2}$ _____ $\xrightarrow{+60}$ _____ $\xrightarrow{+30}$ _____

   38 + _____ = _____

و. 98 $\xrightarrow{+2}$ _____ $\xrightarrow{+6}$ _____ $\xrightarrow{+40}$ _____

   98 + _____ = _____

الاسم _____ التاريخ _____

1. حل ذهنيًا.

أ. 4 آحاد + _____ = عشرة واحدة   4 + _____ = 10

    4 عشرات + _____ = مائة واحدة   40 + _____ = 100

ب. 2 آحاد + 8 آحاد = _____ عشرة   2 + 8 = _____

    عشرتان + 18 عشرات = _____ مئات   20 + 180 = _____

2. أكمل الفراغات. ثم أكمل جملة الجمع.

   63 →(+7) _____ →(+10) _____ →(+10) _____ →(+10) _____

   63 + _____ = _____

حل كلاً من هيلي وجيو مسألة 56 + 85. يقول جيو أن الإجابة هي 131. وتقول هيلي أن الإجابة هي 141. اشرح الإجابة الصحيحة باستخدام الأرقام أو الصور أو الكلمات.

الاسم ________________________ التاريخ ________________

1. حل المسائل التالية باستخدام مخطط أو أقراص القيمة المكانية الخاصين بك.

أ. 80 + 30 = ________ 90 + 40 = ________

ب. 73 + 38 = ________ 73 + 49 = ________

ج. 93 + 38 = ________ 42 + 99 = ________

د. 84 + 37 = ________ 69 + 63 = ________

هـ. 113 + 78 = ________ 128 + 72 = ________

2. ضع دائرة حول البيانات الصحيحة أثناء حلك كل مسألة باستخدام أقراص القيمة المكانية.

أ. 47 + 123	ب. 97 + 54
غيرت 10 آحاد إلى عشرة واحدة.	غيرت 10 آحاد إلى عشرة واحدة.
غيرت 10 عشرات إلى مائة واحدة.	غيرت 10 عشرات إلى مائة واحدة.
مجموع الجزئين 160.	مجموع الجزئين 141.
مجموع الجزئين 170.	مجموع الجزئين 151.

3. اكتب جملة جمع تتوافق مع الرابطة الرقمية التالية. حل المسألة باستخدام أقراص القيمة المكانية الخاصة بك، وأكمل العدد الإجمالي المفقود.

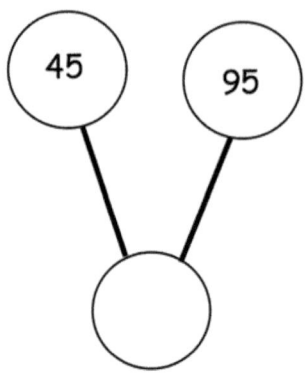

4. يوجد 50 بنتًا و80 ولدًا في برنامج ما بعد المدرسة. فكم عدد الأطفال الموجودين في برنامج ما بعد المدرسة.

5. حل كلاً من كيم وستايسي 83 + 39. وكانت إجابة كيم أقل من 120. وكانت إجابة ستايسي أكثر من 120. فأي إجابة كانت خاطئة؟ اشرح كيف عرفت ذلك باستخدام الكلمات أو الصور أو الأرقام.

الاسم _____ التاريخ _____

حل المسائل التالية باستخدام مخطط أو أقراص القيمة المكانية الخاصين بك.

1. 46 + 54 = _____

2. 49 + 56 = _____

3. 28 + 63 = _____

4. 67 + 89 = _____

مخطط القيمة المكانية للمئات غير المصنفة

الدرس 18: استخدم الأدوات اليدوية لتمثيل عمليات الجمع باستخدام اثنين من التراكيب.

اقرأ (اقرأ المسألة بعناية.)

يوجد 35 بطاقة ملاحظة في علبة واحدة. ويوجد 67 بطاقة ملاحظة في علبة أخرى. فكم عدد جميع بطاقات الملاحظة؟

ارسم (ارسم صورة.)

اكتب (اكتب المعادلة وحلها).

أُكتب (أُكتب عبارة تتوافق مع القصة).

الاسم ______________________ التاريخ ______________

1. حل المسائل التالية باستخدام الشكل الرأسي ومخطط وأقراص القيمة المكانية الخاصين بك. كون عشرة أو مائة، إذا لزم الأمر.

أ. 72 + 19	ب. 28 + 91
ج. 68 + 61	د. 97 + 35
هـ. 68 + 75	و. 96 + 47

ح. 54 + 146	ز. 23 + 177

2. التحق بالمخيم الصيفي ثمانية وثلاثون بنتًا أقل ممن التحق من بالأولاد. التحق تسع وسبعون بنتًا.

أ. فكم عدد الأولاد الملتحقين بالمخيم الصيفي؟

ب. وكم عدد الأطفال الملتحقين بالمخيم الصيفي؟

الاسم ______________________________ التاريخ ______________

حل المسائل التالية باستخدام الشكل الرأسي ومخطط وأقراص القيمة المكانية الخاصين بك. كون عشرة أو مائة، إذا لزم الأمر.

1. 85 + 47

2. 39 + 128

عد كلاً من كندرا وجوجو قطع رخامهما. لدى كندرا 38 قطعة رخام، ولدى جوجو 62 قطعة رخام. تقول كندرا أن لديهما معًا 100 قطعة رخام، لكن جوجو تقول أن لديهما معًا 90 قطعة رخام. استخدم الكلمات أو الأرقام أو النموذج لتبرهن أي منهما على صواب.

الاسم ______________________ التاريخ ______________

1. حل رأسيًا. ارسم أقراصًا على محطط القيمة المكانية وكون أرقامًا، إذا لزم الأمر.

أ. 23 + 57 = ________

مئات	عشرات	آحاد

ب. 65 + 36 = ________

مئات	عشرات	آحاد

ج. 83 + 29 = ________

مئات	عشرات	آحاد

د. 47 + 75 = _____

مئات	عشرات	آحاد

هـ. 68 + 88 = _____

مئات	عشرات	آحاد

2. وضع معلم جيسيكا علامة خطأ على إجابتها بخصوص المسألة التالية. ولم تتمكن جيسيكا من معرفة الخطأ الذي ارتكبته. إذا كنت معلم جيسيكا، فكيف تفسر خطأها؟

عمل جيسيكا:

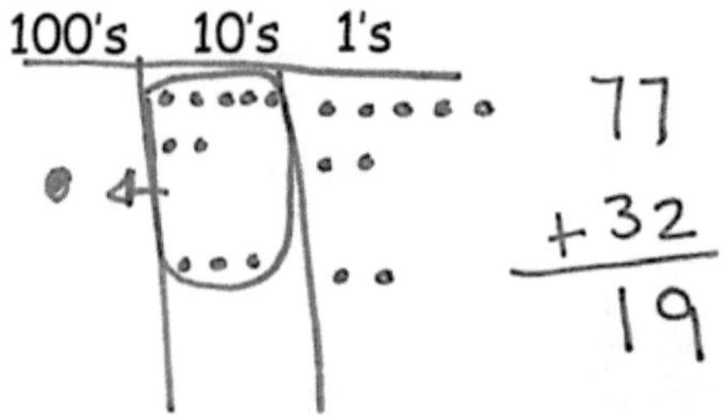

100's   10's   1's

$$\begin{array}{r} 77 \\ +32 \\ \hline 19 \end{array}$$

الشرح:

الاسم ____________________ التاريخ ______________

حل رأسيًا. ارسم أقراصًا على محطط القيمة المكانية وكون أرقامًا، إذا لزم الأمر.

1. ______ = 65 + 46

مئات	عشرات	آحاد

2. ______ = 57 + 74

مئات	عشرات	آحاد

اقرأ (اقرأ المسألة بعناية.)

لدى كاترينا 23 ملصقًا، ولدى جينيفر 9 ملصقات. فكم تحتاج جينيفر من ملصقات لتتساوى مع ملصقات كاترينا؟

ارسم (ارسم صورة.)

اكتب (اكتب المعادلة وحلها).

أُكتب (أُكتب عبارة تتوافق مع القصة).

الاسم ________________ التاريخ ________________

1. حل رأسيًا. ارسم أقراصًا على محطط القيمة المكانية وكون أرقامًا، إذا لزم الأمر.

أ. 65 + 75 = ________

آحاد	عشرات	مئات

ب. 84 + 29 = ________

آحاد	عشرات	مئات

ج. 91 + 19 = ________

آحاد	عشرات	مئات

قصة الوحدات / الدرس 24 مسائل تطبيقية / 2•4

د. 163 + 27 = _____

مئات	عشرات	آحاد

2. حلت آبي مسألة 99 + 99 على مخطط القيمة المكانية الخاص بها بشكل رأسي، لكنها حصلت على إجابة خاطئة. راجع إجابة آبي وصححها.

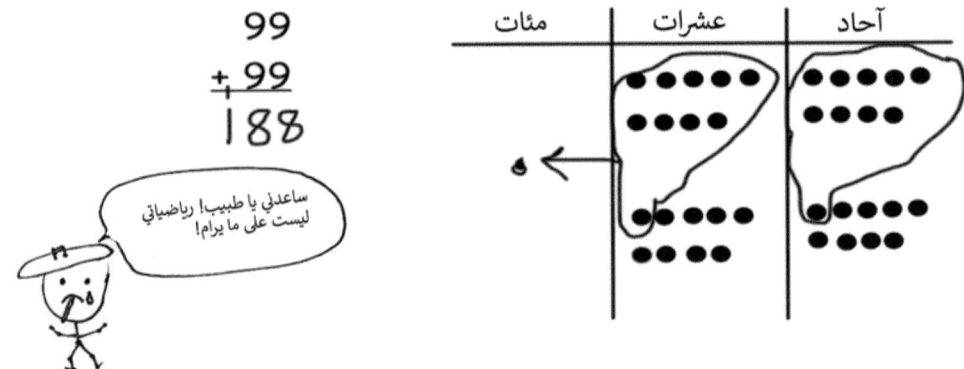

ما الذي حلته آبي بشكل صحيح؟
_____
_____

ما الذي حلته آبي بشكل خاطئ؟
_____
_____

الدرس 21: استخدم رسومات الرياضيات لتمثيل عمليات الجمع بما يصل إلى اثنين من التراكيب واربط الرسومات بأسلوب كتابي.

الاسم ______________________ التاريخ ______________

حل رأسيًا. ارسم أقراصًا على محطط القيمة المكانية وكون أرقامًا، إذا لزم الأمر.

1. 58 + 67 = ___________

مئات	عشرات	آحاد

2. 43 + 89 = ___________

مئات	عشرات	آحاد

اقرأ (اقرأ المسألة بعناية.)

يوجد 38 تفاحة و16 موزة و24 خوخة و12 حبة كمثرى في سلة الفواكه. فكم قطع الفواكه في السلة؟

ارسم (ارسم صورة.)

اكتب (اكتب المعادلة وحلها).

اكتب (اكتب عبارة تتوافق مع القصة).

_____

_____

الاسم _____ التاريخ _____

1. ابحث لتكوين 10 آحاد أو 10 عشرات لحل المسائل التالية باستخدام استراتيجيات القيمة المكانية.

أ.

_____ = 7 + 5 + 5

_____ = 17 + 25 + 25

_____ = 17 + 25 + 125

ب.

_____ = 5 + 6 + 4

_____ = 75 + 36 + 24

_____ = 85 + 36 + 24

ج.

_____ = 6 + 8 + 4 + 2

_____ = 46 + 18 + 24 + 32

_____ = 46 + 18 + 54 + 72

2. لدى جوش وكيث نفس المسألة في واجباتهما المنزلية: 23 + 35 + 47 + 56. حل كلا الطلبين المسألة بشكل مختلف لكنهما حصلا على نفس الإجابة.

إجابة جوش

إجابة كيث

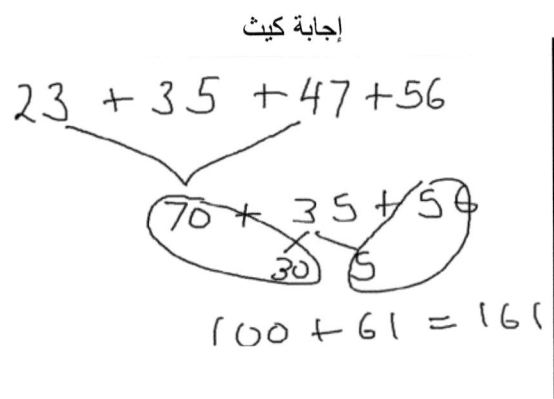

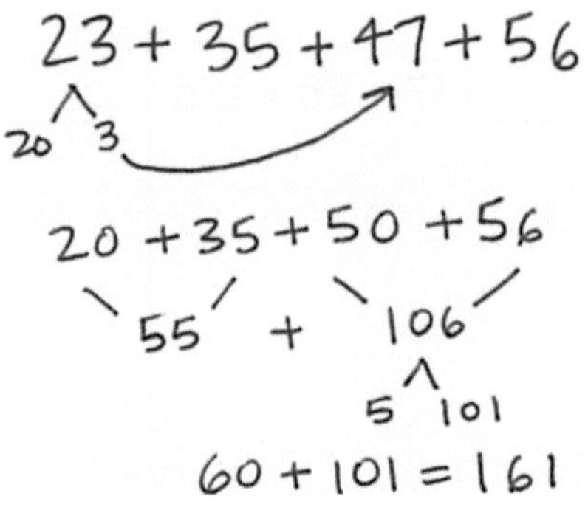

حل مسألة 23 + 35 + 47 + 56 بأسلوب آخر.

3. اشترت ميليسا فستانًا مقابل 29 دولارًا، ومحفظة بقيمة 15 دولارًا، وكتابًا مقابل 11 دولارًا، وقبعة مقابل 25 دولارًا. كم أنفقت ميليسا؟ اشرح إجابتك.

الاسم ______________________________ التاريخ ____________

ابحث لتكوين 10 آحاد أو 10 عشرات لحل المسائل التالية باستخدام استراتيجيات القيمة المكانية.

1. $48 + 33 + 17$

2. $18 + 89 + 56 + 35$

اقرأ (اقرأ المسألة بعناية.)

نزل يوسف 115 أغنية. 100 منها أغاني روك. والبقية من أغاني الهيب هوب.

أ. فكم عدد أغاني الهيب هوب لدى يوسف؟

ب. وكانت 80 أغنية من أغاني الروك التي لديه من أغاني الروك القديمة.

فكم عدد أغاني الروك؟

ارسم (ارسم صورة.)

اكتب (اكتب المعادلة وحلها).

قصة الوحدات • الدرس 23 مسائل تطبيقية • 2•4

اكتب (اكتب عبارة تتوافق مع القصة).

أ.
_____

_____

ب.
_____

_____

الاسم _____ التاريخ _____

1. حل باستخدام الروابط الرقمية للطرح من العدد 100.
تم حل المسألة الأولى للتوضيح.

ب. 116 - 90	أ. 106 - 90 = 16 ∧ 6 100 100 - 90 = 10 10 + 6 = 16
د. 115 - 80	ج. 114 - 80
و. 127 - 60	هـ. 123 - 70

ز. 119 - 50

ح. 129 - 60

ط. 156 - 80

ي. 142 - 70

2. استخدم الرابطة الرقمية لشرح كيفية طرحك 8 عشرات من 126.

الاسم _____ التاريخ _____

حل باستخدام الروابط الرقمية للطرح من العدد 100.

1. 114 − 50

2. 176 − 90

3. 134 − 40

اقرأ (اقرأ المسألة بعناية.)

اشترى سامي 114 بطاقة ملاحظة. واستخدم 70 منها. فكم عدد بطاقات الملاحظة غير المستخدمة المتبقة لديه؟

ارسم (ارسم صورة.)

اكتب (اكتب المعادلة وحلها).

اكتب (اكتب عبارة تتوافق مع القصة).

_____

_____

_____

الاسم ______________________ التاريخ ______________

1. حل باستخدام الرياضيات الذهنية. إذ لم تتمكن من الحل ذهنيًا، فاستخدم مخطط وأقراص القيمة المكانية الخاصين بك.

أ. 25 - 5 = ________ 25 - 6 = ________ 125 - 25 = ________ 125 - 26 = ________

ب. 160 - 50 = _______ 160 - 60 = _______ 160 - 70 = ________

2. حل المسائل التالية باستخدام مخطط أو أقراص القيمة المكانية الخاصين بك. فك المائة أو العشرة إذا لزم الأمر. ضع دائرة حول إجابتك لعرض كل مسألة.

أ. 124 - 60 = ________ فككت مائة. نعم لا فككت عشرة. نعم لا	ب. 174 - 58 = ________ فككت مائة. نعم لا فككت عشرة. نعم لا
ج. 121 - 48 = ________ فككت مائة. نعم لا فككت عشرة. نعم لا	د. 125 - 67 = ________ فككت مائة. نعم لا فككت عشرة. نعم لا
هـ. 145 - 76 = ________ فككت مائة. نعم لا فككت عشرة. نعم لا	و. 181 - 72 = ________ فككت مائة. نعم لا فككت عشرة. نعم لا

ز. $111 - 99 =$ ________ فككت مائة. نعم لا فككت عشرة. نعم لا	ح. $131 - 42 =$ ________ فككت مائة. نعم لا فككت عشرة. نعم لا
ط. $123 - 65 =$ ________ فككت مائة. نعم لا فككت عشرة. نعم لا	ي. $132 - 56 =$ ________ فككت مائة. نعم لا فككت عشرة. نعم لا
ك. $145 - 37 =$ ________ فككت مائة. نعم لا فككت عشرة. نعم لا	ل. $115 - 48 =$ ________ فككت مائة. نعم لا فككت عشرة. نعم لا

3. يوجد 167 تفاحة. أكل الطلاب 89 تفاحة. كم عدد التفاحات المتبقية؟

لمسات أخيرة استباقية:

4. لدى تيم وجون معًا 175 بطاقة تداول. لدى جون 88 بطاقة.

أ. فكم بطاقة لدى تيم؟

ب. لدى برادي 29 بطاقة أقل مما لدى تيم. فكم بطاقة لدى برادي؟

الاسم ______________________ التاريخ ______________

حل المسائل التالية باستخدام مخطط أو أقراص القيمة المكانية الخاصين بك. غير مائة واحدة إلى 10 عشرات وغير عشرة واحدة إلى 10 آحاد إذا لزم الأمر. ضع دائرة حول ما تحتاج لعمله لعرض كل مسألة.

1. $157 - 74 =$ ________ فككت مائة. نعم لا فككت عشرة. نعم لا	2. $124 - 46 =$ ________ فككت مائة. نعم لا فككت عشرة. نعم لا

اقرأ (اقرأ المسألة بعناية.)

ذهب 114 شخصًا إلى المعرض. ذهب 89 منهم مساءً. فكم عدد الأشخاص الذين ذهبوا إلى المعرض نهارًا؟

ارسم (ارسم صورة.)

اكتب (اكتب المعادلة وحلها).

اكتب (اكتب عبارة تتوافق مع القصة).

_____

_____
_____

الاسم _____ التاريخ _____

1. حل المسائل التالية باستخدام الشكل الرأسي ومخطط وأقراص القيمة المكانية الخاصين بك. فك المائة أو العشرة إذا لزم الأمر. اشرح إجابتك على كل مسألة.

أ. 72 - 49	ب. 83 - 49
ج. 118 - 30	د. 118 - 85
هـ. 145 - 54	و. 167 - 78
ز. 125 - 87	ح. 115 - 86

2. خبزت السيدة/ توش 160 قطعة كوكيز لبيعها. وباعت 78 منها. فكن قطعة كوكيز بقيت لديها؟

3. لدى تامي 154 دولارًا. واشترت ساعة بمبلغ 86 دولارًا. فهل بقي لها مالاً يكفي لشراء قلادة بمبلغ 67 دولارًا؟

الاسم _____ التاريخ _____

حل المسائل التالية باستخدام الشكل الرأسي ومخطط وأقراص القيمة المكانية الخاصين بك. فك المائة أو العشرة إذا لزم الأمر. اشرح إجابتك على كل مسألة.

1. 97 - 69

2. 121 - 65

2•4 الدرس 26 مسائل تطبيقية
قصة الوحدات

اقرأ (اقرأ المسألة بعناية.)

تحتاج كلوي إلى 153 خرزة لصنع حقيبة. لديها 49 خرزة فقط. فكم خرزة تحتاجها لصنع الحقيبة؟

ارسم (ارسم صورة.)

اكتب (اكتب المعادلة وحلها).

اكتب (اكتب عبارة تتوافق مع القصة).

_____

_____

_____

الدرس 26 مجموعة مسائل

الاسم _____ التاريخ _____

1. حل رأسيًا. ارسم أقراص على مخطط القيمة المكانية. فك إذا لزم الأمر.

أ. 181 - 63 = _____

مئات	عشرات	آحاد

ب. 134 - 52 = _____

مئات	عشرات	آحاد

ج. 175 - 79 = _____

مئات	عشرات	آحاد

د. 115 - 26 = ____________

مئات	عشرات	آحاد

هـ. 110 - 74 = ____________

مئات	عشرات	آحاد

2. رسم كلاً من تانيشا وجيمس نماذج على مخططات القيمة المكانية لحل هذه المسألة: 102 - 47. اشرح أي نموذج غير صحيح ولماذا.

تانيشا

جيمس

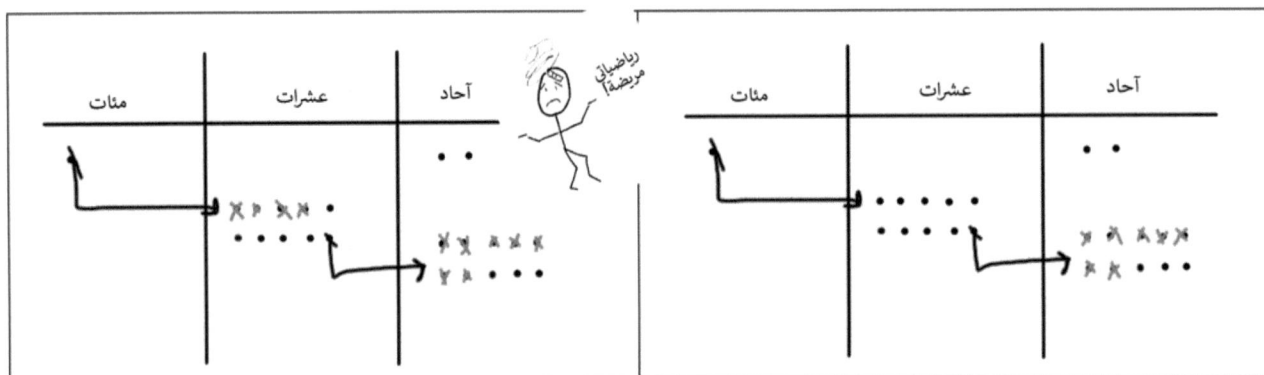

نموذج ____________ غير صحيح لأن ____.

____

EUREKA MATH

الاسم ______________________ التاريخ ______________

حل رأسيًا. ارسم أقراص على مخطط القيمة المكانية. فك إذا لزم الأمر.

1. 153 - 46 = __________

مئات	عشرات	آحاد

2. 118 - 79 = __________

مئات	عشرات	آحاد

اقرأ (اقرأ المسألة بعناية.)

لدى السيد/ راموس 139 قلم رصاص و88 ممحاة. فكم يزيد عدد أقلام الرصاص عن عدد المحايات؟

ارسم (ارسم صورة.)

اكتب (اكتب المعادلة وحلها).

اكتب (اكتب عبارة تتوافق مع القصة).

_____

_____

_____

الدرس 27: اطرح من 200 ومن الأرقام التي تحتوي على أصفار في منزلة العشرات.

الاسم _____ التاريخ _____

1. ضع كل معادلة بشكل صحيح.

   أ.   مائة واحدة = _____ عشرات

   ب. مائة واحدة = 9 عشرات _____ آحاد

   ج. مئتان = مائة واحدة _____ عشرات

   د. مئتان = مائة واحدة و9 عشرات _____ آحاد

2. حل رأسيًا. ارسم أقراص على مخطط القيمة المكانية. فك إذا لزم الأمر.

   أ.   100 - 61 = _____

مئات	عشرات	آحاد

   ب. 100 - 79 = _____

مئات	عشرات	آحاد

ج. 200 - 7 = ‎_____

مئات	عشرات	آحاد

د. 200 - 87 = ‎_____

مئات	عشرات	آحاد

هـ. 200 - 126 = ‎_____

مئات	عشرات	آحاد

الاسم _____ التاريخ _____

حل رأسيًا. ارسم أقراص على مخطط القيمة المكانية. فك إذا لزم الأمر.

1. 100 - 44 = _____

مئات	عشرات	آحاد

2. 200 - 76 = _____

مئات	عشرات	آحاد

اقرأ (اقرأ المسألة بعناية.)

أعد جيري 200 قطعة بيتزا. وباع بعضها وتبقت لديه 57 قطعة بيتزا.

فكم عدد قطع البيتزا التي باعها؟

ارسم (ارسم صورة.)

اكتب (اكتب المعادلة وحلها).

قصة الوحدات   الدرس 28 مسائل تطبيقية   2●4

اكتب (اكتب عبارة تتوافق مع القصة).

_____

_____

_____

الدرس 28: اطرح من 200 ومن الأرقام التي تحتوي على أصفار في منزلة العشرات.

الاسم ____________________ التاريخ ____________

1. حل رأسيًا. ارسم أقراص على مخطط القيمة المكانية. فك إذا لزم الأمر.

أ. 109 - 56 = ________

مئات	عشرات	آحاد

ب. 103 - 34 = ________

مئات	عشرات	آحاد

ج. 200 - 155 = ________

مئات	عشرات	آحاد

د. 200 - 123 = ___________

مئات	عشرات	آحاد

2. حل رأسيًا بدون مخطط القيمة المكانية.

200 - 148 = ___________

3. حل رأسيًا. ارسم أقراص ومخطط القيمة المكانية.

لدى رالف 137 طابعًا أقل مما لدى شقيقه الأكبر. ولدى شقيقه الأكبر 200 طابع. فكم عدد طوابع رالف؟

الاسم ______________________ التاريخ ____________

حل رأسيًا. ارسم أقراص على مخطط القيمة المكانية. فك إذا لزم الأمر.

1. 108 - 79 = __________

آحاد	عشرات	مئات

2. 200 - 126 = __________

آحاد	عشرات	مئات

اقرأ (اقرأ المسألة بعناية.)

قرأت كاثي 15 صفحة أقل مما قرأته لوسي. وقرأت لوسي 51 صفحة. فكم صفحة قرأتها كاثي؟

ارسم (ارسم صورة.)

اكتب (اكتب المعادلة وحلها).

اكتب (اكتب عبارة تتوافق مع القصة).

_____

_____

_____

الاسم ________________________ التاريخ ________________

1. حل كل تعبير جبري جمعي باستخدام كل من الإجماليات أدناه والمجموعات الجديدة أسفل الأساليب.
ارسم مخططًا لقيمة المكان باستخدام الأقراص واثنين من الروابط الرقمية المختلفة لتمثيل كل منها.

أ. 19 + 27

المجموعات الجديدة أسفله	المجموع أسفله	مخطط القيمة المكانية	الروابط الرقمية

ب. 36 + 57

المجموعات الجديدة أسفله	المجموع أسفله	مخطط القيمة المكانية	الروابط الرقمية

2. اجمع وحدات مماثلة وسجل الإجماليات أدناه.

أ. $\begin{array}{r} 87 \\ +\ 95 \\ \hline ____ \ (7+5) \\ ____ \ (80+90) \\ \hline \square \end{array}$	ب. $\begin{array}{r} 106 \\ +\ 24 \\ \hline ____ \\ ____ \\ \hline \square \end{array}$
ج. $\begin{array}{r} 151 \\ +\ 45 \\ \hline ____ \\ ____ \\ \hline \square \end{array}$	د. $\begin{array}{r} 126 \\ +\ 72 \\ \hline ____ \\ ____ \\ \hline \square \end{array}$
هـ. $\begin{array}{r} 159 \\ +\ 30 \\ \hline ____ \\ ____ \\ \hline \square \end{array}$	و. $\begin{array}{r} 108 \\ +\ 91 \\ \hline ____ \\ ____ \\ \hline \square \end{array}$

الاسم _____ التاريخ _____

اجمع وحدات مماثلة وسجل الإجماليات أدناه.

1.
```
   45
+  64
_____
```

2.
```
  109
+  72
_____
```

3.
```
  144
+  58
_____
```

4.
```
  167
+  52
_____
```

اقرأ (اقرأ المسألة بعناية.)

أنفق إيلي 87 سنتًا لشراء دفتر ملاحظات و38 سنتًا لشراء قلم رصاص. فكم إجمالي ما أنفقه؟

ارسم (ارسم صورة.)

اكتب (اكتب المعادلة وحلها).

2•4 الدرس 30 مسائل تطبيقية قصة الوحدات

اكتب (اكتب عبارة تتوافق مع القصة).

____

____

____

182 الدرس 30: قارن الإجماليات أدناه بالمجموعات الجديدة أدناه بأسلوب كتابي.

الاسم ______________________ التاريخ ____________

1. جمعت كلًا من ليندا وكيث 127 + 59 بأسلوبين مختلفين. اشرح لما إجابتي ليندا وكيث صحيحتين.

عمل ليندا:	عمل كيث:
127 + 59 16 70 +100 186	127 + 59 186

____

____

____

2. حل جاك مسألة 124 + 69 باستخدام المجموعات الجديدة أدناه. حل المسألة نفسها بأسلوب آخر.

124 + 69 193	

3. حل كل مسألة بأسلوبين مختلفين.

أ. 48 + 134	ب. 69 + 83
ج. 75 + 46	د. 128 + 63

الاسم _____ التاريخ _____

1. حل كيفين مسألة 166 + 25 باستخدام الإجماليات أدناه. حل المسألة نفسها بأسلوب آخر.

| | 166
+ 25
―――
11
80
100
―――
191 |

2. اشرح لما إجابتك وإجابة كيفين صحيحتين.

_____
_____
_____

الاسم _____ التاريخ _____

حل المسائل الكلامية التالية باستخدام مخطط شريطي. استخدم أي استراتيجية تعلمتها للحل.

1. وضع السيد/ روبرتس 57 اختبارًا في يوم الجمعة و43 اختبارًا في يوم السبت. فكم عدد الاختبارات التي وضعها السيد/روبرتس؟

2. يوجد 54 امرأة و17 رجلاً أقل من عدد النساء على قارب.

   أ. فكم عدد الرجال الموجودين على القارب؟

   ب. وكم عدد الأشخاص الموجودين على القارب؟

3. جمع مارك 27 عملة معدنية أقل مما جمعه كريج. جمع مارك 58 عملة معدنية.

أ. فكم عدد العملات المعدنية التي جمعها كريج؟

ب. جمع مارك 18 عملة معدنية أكثر مما جمعه شون. فكم عدد العملات المعدنية التي جمعها شون؟

4. يوجد 35 تفاحة على الطاولة. كانت 17 تفاحة منها معطوبات وأُلقت في القمامة. وأُكلت 9 تفاحات منها. فكم عدد التفاحات المتبقية على الطاولة؟

الاسم _____ التاريخ _____

حل المسائل الكلامية التالية باستخدام مخطط شريطي. ثم استخدم أي استراتيجية تعلمتها للحل.

1. لدى ساندرا 46 عملة معدنية أقل مما لدى مارثا. ولدى ساندرا 57 عملة معدنية.

    أ. فكم عملة معدنية لدى مارثا؟

    ب. وكم عملة معدنية لدى ساندرا ومارثا معًا؟

2. يوجد 32 كلبًا بنيًا و19 كلبًا أبيضًا في الحديقة. وجاء 16 كلبًا بنيًا إضافيًا إلى الحديقة. فكم عدد الكلاب الموجودة بعد الحديقة؟

الصف الثاني

الوحدة 5

اقرأ (اقرأ المسألة بعناية.)

أنقذ الملجأ 27 قطة في يونيو. وفي يوليو، أنقذ 11 قطة. وفي أغسطس، أنقذ 40 قطة أخرى.

أ. فكم عدد القطط التي أنقذها الملجأ خلال هذه الأشهر الثلاث؟

ب. وإذا وجدت 64 من تلك القطط منازل بحلول نهاية أغسطس، فكم عدد القطط التي بحاجة إلى منزل؟

ارسم (ارسم صورة.)

اكتب (اكتب المعادلة وحلها).

أُكتب (أُكتب عبارة تتوافق مع القصة).

أ. ______________________________

____

ب. ______________________________

____

194 الدرس 1: اربط 10 أكثر من و10 أقل من و100 أكثر من و100 أقل من بجمع وطرح الأعداد من 10 إلى 100.

الاسم ______________________ التاريخ __________

1. أكمل كل بيان أكثر من أو أقل من.

أ. 10 زائد 175 تساوي ________.

ب. 100 زائد 175 تساوي ________.

ج. 10 ناقص 175 تساوي ________.

د. 100 ناقص 175 تساوي ________.

هـ. 319 تساوي 10 زائد ________.

و. 499 تساوي 100 ناقص ________.

ز. ________ تساوي 100 ناقص 888.

ح. ________ تساوي 10 زائد 493.

ط. 898 تساوي ______________ 998

ي. 607 تساوي ______________ 597.

ك. 10 زائد 309 تساوي ________.

ل. 309 تساوي ______________ 319.

2. أكمل كل نمط رقمي عادي.

أ. 170, 180, 190, ______, ______, ______

ب. 420, 410, 400, ______, ______, ______

ج. 789, 689, ______, ______, ______, 289

د. 565, 575, ______, ______, ______, 615

هـ. 724, ______, ______, ______, 684, 674

و. ______, ______, ______, 886, 876, 866

3. أكمل كل بيان.

أ. 389 $\xrightarrow{+10}$ _____ $\xrightarrow{+100}$ _____

ب. 187 $\xrightarrow{-100}$ _____ $\xrightarrow{-10}$ _____

ج. 609 $\xrightarrow{-10}$ _____ $\xrightarrow{-\_\_}$ 499 $\xrightarrow{+10}$ _____ $\xrightarrow{+\_\_}$ 519

د. 512 $\xrightarrow{-10}$ _____ $\xrightarrow{-10}$ _____ $\xrightarrow{+100}$ _____ $\xrightarrow{+100}$ _____ $\xrightarrow{+10}$ _____

4. حل باستخدام أسلوب الأسهم.

أ. 210 + 130 = _____

ب. 320 + _____ = 400

ج. _____ + 515 = 735

الاسم _____ التاريخ _____

حل باستخدام أسلوب الأسهم.

1. 440 + 220 = _____

2. 670 + _____ = 890

3. _____ + 765 = 945

مئات	عشرات	آحاد

مخطط القيمة المكانية للمئات

الدرس 1: اربط 10 أكثر من و10 أقل من و100 أكثر من و100 أقل من بجمع وطرح الأعداد من 10 إلى 100.

قصة الوحدات | الدرس 1 النموذج 2 | 2•5

مخطط القيمة المكانية للمئات غير المصنفة

الدرس 1: اربط 10 أكثر من و10 أقل من و100 أكثر من و100 أقل من بجمع وطرح الأعداد من 10 إلى 100.

201

اقرأ (اقرأ المسألة بعناية.)

لدي ماكس 42 قطعة رخام في حقيبته المصنوعة من قطع الرخام بعد أن أضاف 20 قطعة من الرخام عند الظهر. فكم قطعة رخام كانت لديه قبل الظهر؟

ارسم (ارسم صورة.)

اكتب (اكتب المعادلة وحلها).

أُكتب (أُكتب عبارة تتوافق مع القصة).

_____

_____

_____

الاسم ______________________________ التاريخ ______________

1. حل كل مسألة جمع باستخدام استراتيجيات القيمة المكانية. استخدم أسلوب الأسهم الرياضيات الذهنية، وسجل إجابتك. يمكنك استخدم ورق خدش إذا أردت.

أ. مئتان و4 عشرات + 3 مئات = ______ مئات ______ عشرات

240 + 300 = ______

ب. 340 + 300 = ______ | 140 + 500 = ______ | 200 + 440 = ______

ج. 400 + 374 = ______ | 274 + 500 = ______ | 700 + 236 = ______

د. 571 + ______ = 871 | ______ + 349 = 749 | 96 + ______ = 696

هـ. ______ + 562 = 862 | 300 + ______ = 783 | 600 + ______ = 726

2. حل كل مسألة طرح باستخدام استراتيجيات القيمة المكانية. استخدم أسلوب الأسهم الرياضيات الذهنية، وسجل إجابتك. يمكنك استخدم ورق خدش إذا أردت.

أ. 6 مئات وآحادان - 4 مئات = ______ مئات ______ عشرات ______ آحاد

602 - 400 = ______

ب. 640 - 200 = ______ | 650 - 300 = ______ | 750 - ______ = 350

ج. 462 - 200 = ______ | 667 - 500 = ______ | 731 - 400 = ______

د. 431 - ______ = 131 | 985 - ______ = 585 | 768 - ______ = 68

هـ. ______ - 200 = 662 | ______ - 300 = 653 | 734 - ______ =234

3. أكمل الفراغات لتكوين جمل رقمية صحيحة. استخدم استراتيجيات القيمة المكانية أو الروابط الرقمية أو أسلوب الأسهم للحل.

أ. 200 زائد 389 تساوي _____.

ب. 300 زائد _____ تساوي 568.

ج. 400 ناقص 867 تساوي _____.

د. _____ ناقص 962 تساوي 262.

4. أثمرت شجرة ليمون جيسيكا 526 ليمونة. وزعت منها 300 ليمونة. فكم ليمونة بقيت لديها؟ استخدم أسلوب الأسهم للحل.

الاسم _____ التاريخ _____

حل باستخدام استراتيجيات القيمة المكانية. استخدم أسلوب الأسهم الرياضيات الذهنية، وسجل إجابتك. يمكنك استخدم ورق خدش إذا أردت.

1. 760 - 500 = _____   880 - 600 = _____   990 - _____ = 590

2. 534 - 334 = _____   _____ - 500 = 356   736 - _____ = 136

اقرأ (اقرأ المسألة بعناية.)

باعت مكتبة أطفال 27 كتابًا من كتب التبرعات. ولديها الآن 48 كتابًا. فكم كتابًا كان لدى المكتبة من البداية؟

ارسم (ارسم صورة.)

اكتب (اكتب المعادلة وحلها).

أُكتب (أُكتب عبارة تتوافق مع القصة).

210 الدرس 3: اجمع مضاعفات العدد 100 وبعض العشرات للأعداد الأقل من 1000.

Copyright © Great Minds PBC

الاسم _____ التاريخ _____

1. حل كل مجموعة مسائل باستخدام أسلوب الأسهم.

أ.

200 + 380

220 + 380

230 + 380

ب.

400 + 470

430 + 470

450 + 470

ج.

200 + 650

250 + 650

280 + 650

د.

300 + 430

370 + 430

390 + 630

2. حل باستخدام أسلوب الأسهم أو الرياضيات الذهنية. استخدم ورق خدش إذا تطلب الأمر.

أ. 490 + 200 = ______	210 + 490 = ______	490 + 220 = ______
ب. 230 + 700 = ______	230 + 710 = ______	730 + 230 = ______
ج. 260 + 240 = ______	260 + 260 = ______	280 + 260 = ______
د. 160 + 150 = ______	370 + 280 = ______	380 + 450 = ______
هـ. 430 + 290 = ______	660 + 180 = ______	370 + 270 = ______

3. حل.

أ. 66 عشرة + 20 عشرة = __________ عشرات

ب. 66 عشرة + 24 عشرة = __________ عشرات

ج. 66 عشرة + 27 عشرة = __________ عشرة

د. 67 عشرة + 28 عشرة = __________ عشرة

هـ. ما هي قيمة 86 عشرة؟ ________

الاسم _____ التاريخ _____

حل كل مجموعة مسائل باستخدام أسلوب الأسهم.

1.
300 + 440

440 + 360

380 + 440

2.
230 + 670

240 + 680

660 + 250

اقرأ (اقرأ المسألة بعناية.)

تحتاج ديان إلى 65 عودًا خشبيًا لصنع علبة هدايا. ولديها 48 عودًا فقط. فكم تحتاج من الأعواد الخشبية؟

ارسم (ارسم صورة.)

اكتب (اكتب المعادلة وحلها).

أُكتب (أُكتب عبارة تتوافق مع القصة).

الاسم ________________ التاريخ ____________

1. حل باستخدام أسلوب الأسهم.

أ. 200 - 570 270 - 570 290 - 570
ب. 400 - 760 460 - 760 480 - 760
ج. 500 - 950 550 - 950 580 - 950
د. 320 - 820 360 - 820 390 - 820

قصة الوحدات — الدرس 4 مجموعة مسائل 2•5

2. حل باستخدام أسلوب الأسهم أو الرياضيات الذهنية. استخدم ورق خدش إذا تطلب الأمر.

أ.
530 - 400 = _____   530 - 430 = _____   530 - 460 = _____

ب.
950 - 550 = _____   950 - 660 = _____   950 - 680 = _____

ج.
640 - 240 = _____   640 - 250 = _____   640 - 290 = _____

د.
740 - 440 = _____   740 - 650 = _____   740 - 690 = _____

3. حل.

أ. 88 عشرة - 20 عشرة = _____   ب. 88 عشرة - 28 عشرة = _____

ج. 88 عشرة - 29 عشرة = _____   د. 84 عشرة - 28 عشرة = _____

هـ. ما هي قيمة 60 عشرة؟ _____

و. ما هي قيمة 56 عشرة؟ _____

الدرس 4: اطرح مضاعفات العدد 100 وبعض العشرات للأعداد الأقل من 1000.

2●5 الدرس 4 تذكرة الخروج

الاسم _____ التاريخ _____

1. حل باستخدام استراتيجية مبسطة. اشرح إجابتك إذا لزم الأمر.

830 - 530 = _____   830 - 750 = _____   830 - 780 = _____

2. حل.

أ.   67 عشرة - 30 عشرة = _____ عشرات. القيمة تساوي _____.

ب.   67 عشرة - 37 عشرة = _____ عشرات. القيمة تساوي _____.

ج.   67 عشرة - 39 عشرة = _____ عشرات. القيمة تساوي _____.

2•5 الدرس 5 مسائل تطبيقية

اقرأ (اقرأ المسألة بعناية.)

لدى جيني 39 بطاقة قابلة للتحصيل في مجموعتها. وأعطاها تامي 36 بطاقة إضافية. فكم بطاقة قابلة للتحصيل لدى جيني الآن؟

ارسم (ارسم صورة.)

اكتب (اكتب المعادلة وحلها).

2•5 الدرس 5 مسائل تطبيقية
قصة الوحدات

أُكتب (أُكتب عبارة تتوافق مع القصة).

222 الدرس 5: استخدم خاصية الدمج لتكوين مائة في عدد مفرد مجموع عليه.

الاسم ______________________________ التاريخ __________

1. حل.

أ. 30 عشرة = __________

ب. 43 عشرة = __________

ج. 18 عشرة + 12 عشرة = ______ عشرات

د. 18 عشرة + 13 عشرة = ______ عشرات

هـ. 24 عشرة + 19 عشرة = ______ عشرات

و. 25 عشرة + 29 عشرة = ______ عشرات

2. اجمع برسم رابطة رقمية لتكوين مائة. اكتب معادلة بسيطة وحلها.

أ. 190 + 130

10 120

120 + 200 = __________

ب. 190 + 260

__________ = __________

ج. 180 + 330

__________ = __________

د. 280 + 440

_______ = _______

هـ. 86 + 199

_______ = _______

و. 57 + 298

_______ = _______

ز. 397 + 425

_______ = _______

الاسم ____________________ التاريخ ____________

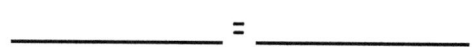

1. اجمع برسم رابطة رقمية لتكوين مائة. اكتب معادلة بسيطة وحلها.

أ. 210 + 390

_________ = _________

ب. 57 + 798

_________ = _________

2. حل.

53 عشرة + 38 عشرة = _________

الدرس 6 مسائل تطبيقية

اقرأ (اقرأ المسألة بعناية.)

خبزت ماريا 60 قطعة كب كيك لبيعها في مخبز المدرسة. وباعت 28 قطعة كب كيك في اليوم الأول. فكم قطعة كب كيك بقيت لديها؟

ارسم (ارسم صورة.)

اكتب (اكتب المعادلة وحلها).

أُكتب (أُكتب عبارة تتوافق مع القصة).

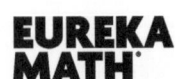

الاسم ______________________ التاريخ ____________

1. ارسم مخططًا شريطيًا وسمّه لشرح كيفية تبسيط المسألة. اكتب معادلة جديدة، ثم اطرح.

أ. 220 – 190 = 230 - 200 = ______

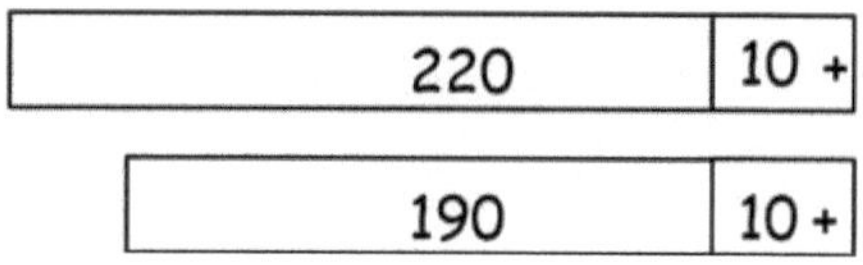

220
+ 10
190
+ 10

ب. 320 - 190 = ____________ = ____________

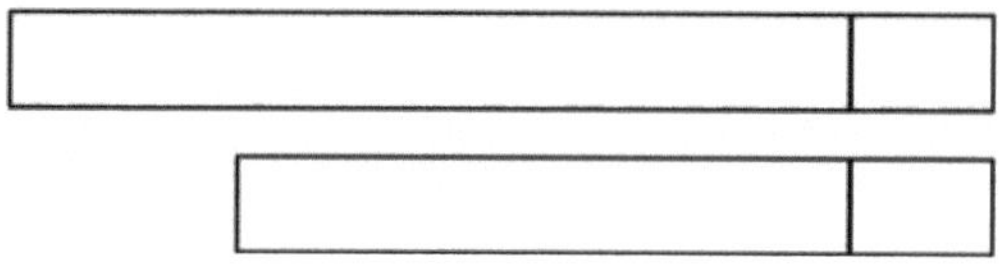

ج. 400 - 280 = ____________ = ____________

د. 470 - 280 = ____________ = ____________

هـ. 530 - 270 = ____________ = ____________

2. ارسم مخططًا شريطيًا وسمَّه لشرح كيفية تبسيط المسألة. اكتب معادلة جديدة، ثم اطرح. تحقق من إجابتك باستخدام الجمع.

أ. 451 − 199 = _452 − 200_ = _____

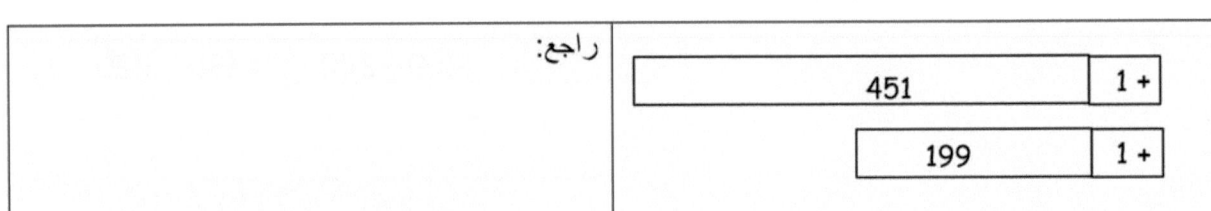

راجع:

ب. 562 − 299 = _____ = _____

راجع:

ج. 432 − 298 = _____ = _____

راجع:

د. 612 − 295 = _____ = _____

راجع:

الاسم _____ التاريخ _____

ارسم مخططًا شريطيًا وسمَّه لشرح كيفية تبسيط المسألة. اكتب معادلة جديدة، ثم اطرح.

1. $363 - 198 =$ _____ = _____

2. $671 - 399 =$ _____ = _____

3. $862 - 490 =$ _____ = _____

الدرس 7 مسائل تطبيقية

اقرأ (اقرأ المسألة بعناية.)

حصلت جيني على عداد خطوات لعد خطواتها. وفي الساعة الأولى، مشت 43 خطوة. وفي الساعة التالية، مشت 48 خطوة.

أ. فكم خطوة مشتها في الساعتين الأولتين؟

ب. وكم يزيد ما مشته في الساعة الثانية عما مشته في الساعة الأولى؟

ارسم (ارسم صورة.)

اكتب (اكتب المعادلة وحلها).

أُكتب (أُكتب عبارة تتوافق مع القصة).

أ. ______________________________

____

ب. ______________________________

____

الاسم _____ التاريخ _____

1. ضع دائرة حول إجابة الطالب لتوضيح الحل الصحيح لمسألة 543 + 290.

اشرح الخطأ في أي حلول غير صحيحة.	
_____	$543 + 290 = 533 + 300 = 833$ 533 ∧ 10
_____	$543 + 290 = 553 + 300 = 853$ +10 │ 543 +10 │ 290
_____	$543 \xrightarrow{+200} 743 \xrightarrow{+60} 803 \xrightarrow{+30} 833$

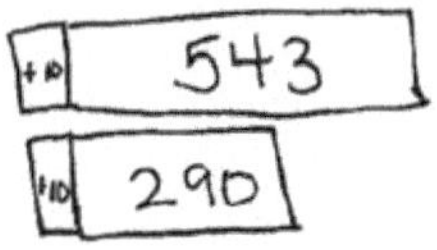

2. ضع دائرة حول إجابة الطالب لتوضيح استراتيجية الحل الصحيحة لمسألة 490 + 721.

$721 - 490 = 711 - 500 = 211$
711 ∧ 10

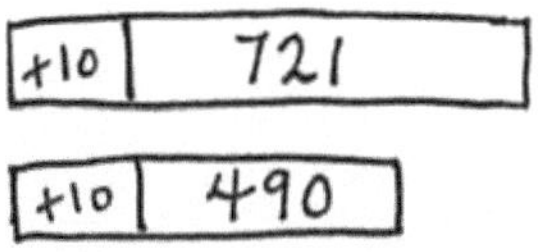

+10 │ 721
+10 │ 490

$731 - 500 = 231$

صحح الإجابة الخاطئة برسم جديد في الفراغ أدناه مع جملة رقمية مطابقة.

3. حل طالبان مسألة 636 + 294 باستخدام استراتيجيتين مختلفتين.

$$636 \xrightarrow{+4} 640 \xrightarrow{+60} 700 \xrightarrow{+30} 730 \xrightarrow{+200} 930$$

$$636 + 294 = 630 + 300 = 930$$
$$\wedge$$
$$630 \quad 6$$

وضح أي الاستراتيجيتين أسهل في الاستخدام عند الحل ولماذا.

_____

_____

_____

4. ضع دائرة حول الاستراتيجيات أدناه، واستخدم الاستراتيجية الموضوع حولها الدائرة لحل مسألة 290 + 374.

ب. حل:	أ.
	أسلوب الأسهم / الرابطة الرقمية

ج. ووضح لما اخترت هذه الاستراتيجية.

_____

_____

_____

الاسم ______________________ التاريخ ______________

ضع دائرة حول الاستراتيجيات أدناه، واستخدم الاستراتيجية الموضوع حولها الدائرة لحل مسألة 490 + 463.

أ. *أسلوب الأسهم / الرابطة الرقمية*	ب. حل:

ج. ووضح لما اخترت هذه الاستراتيجية.

____

____

____

الطالب أ

697 + 223

3 220

700 + 220 = 920

الطالب ب

697 →(+3) 700 →(+200) 900 →(+20) 920

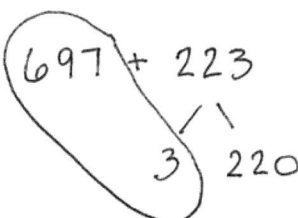

الطالب ج

864 − 380

844 20

844 − 400 = 444

الطالب د

+20	864
+20	380

884 − 400 = 484

أمثلة إجابات الطالب

اقرأ (اقرأ المسألة بعناية.)

لدى سوزان 37 بنسًا. ولدى أم جاي 55 سنتًا أكثر مما لدى سوزان.

أ. فكم بنسًا لدى أم جاي؟

ب. وكم بنسًا لديهما معًا؟

ارسم (ارسم صورة.)

اكتب (اكتب المعادلة وحلها).

اكتب (اكتب عبارة تتوافق مع القصة).

أ. _____

_____

ب. _____

_____

الاسم ________________ التاريخ ________________

1. حل المسائل التالية باستخدام الشكل العامودي ومخطط وأقراص القيمة المكانية الخاصين بك. كون عشرة أو مائة، إذا لزم الأمر.

أ. 49 + 301	ب. 48 + 402
ج. 93 + 315	د. 192 + 216
هـ. 346 + 545	و. 226 + 565
ز. 687 + 222	ح. 745 + 164

2. حل.

أ. 300 + 200 = _____

ب. 320 + 200 = _____

ج. 320 + 230 = _____

د. 320 + 280 = _____

هـ. 328 + 286 = _____

و. 600 + 80 = _____

ز. 600 + 180 = _____

ح. 620 + 180 = _____

ط. 680 + 220 = _____

ي. 680 + 230 = _____

الدرس 8 تذكرة الخروج 2•5

الاسم ______________________________ التاريخ ______________

حل المسائل التالية باستخدام الشكل العامودي ومخطط وأقراص القيمة المكانية الخاصين بك. كون عشرة أو مائة، إذا لزم الأمر.

1. 113 + 378

2. 141 + 178

2•5 الدرس 9 مسائل تطبيقية

اقرأ (اقرأ المسألة بعناية.)

يمثل الجدول نتيجة الشوط الأول لمباراة في كرة السلة. سجل الفريق الأحمر 19 نقطة في الشوط الثاني.

وسجل الفريق الأصفر 13 نقطة في الشوط الثاني.

أ. من فاز بالمباراة؟

ب. وبأي فارق فاز؟

الفريق	النتيجة
الفريق الأحمر	63 نقطة
الفريق الأصفر	71 نقطة

ارسم (ارسم صورة.)

اكتب (اكتب المعادلة وحلها).

اكتب (اكتب عبارة تتوافق مع القصة).

أ.
_____

_____

ب.
_____

_____

الاسم ______________________ التاريخ ______________

1. حل المسائل التالية باستخدام الشكل العامودي ومخطط وأقراص القيمة المكانية.

أ. 293 + 417	ب. 185 + 526
ج. 273 + 338	د. 186 + 625
هـ. 530 + 250	و. 537 + 243
ز. 624 + 376	ح. 657 + 283

الدرس 9: اربط تمثيلات الأدوات اليدوية بخوارزمية الجمع.

2. حل.

أ.   270 + 430 = _____

ب.   260 + 440 = _____

ج.   255 + 445 = _____

د.   258 + 443 = _____

هـ.   408 + 303 = _____

و.   478 + 303 = _____

ز.   478 + 323 = _____

الاسم _____ التاريخ _____

حل المسائل التالية باستخدام الشكل العامودي ومخطط وأقراص القيمة المكانية الخاصين بك. كون عشرة أو مائة، إذا لزم الأمر.

1. 375 + 197

2. 184 + 338

اقرأ (اقرأ المسألة بعناية.)

لدى بينجي 36 قلم تلوين. ولدى آنا 12 قلم تلوين أقل مما لدى بينجي.

أ. فكم قلم تلوين لدى آنا؟

ب. وكم قلم تلوين لديهما معًا؟

ارسم (ارسم صورة.)

اكتب (اكتب المعادلة وحلها).

اكتب (اكتب عبارة تتوافق مع القصة).

أ.

_____

_____

ب.

_____

_____

الاسم _____ التاريخ _____

1. حل المسائل باستخدام الشكل العامودي وارسم أقراصًا على مخطط القيمة المكانية. كون أرقامًا إذا لزم الأمر.

آحاد	عشرات	مئات

أ. 117 + 170 = _____

آحاد	عشرات	مئات

ب. 217 + 173 = _____

آحاد	عشرات	مئات

ج. 371 + 133 = _____

د. 504 + 269 = _____

آحاد	عشرات	مئات

2. حل المسائل باستخدام الشكل العامودي وارسم أقراصًا على مخطط القيمة المكانية. كون أرقامًا إذا لزم الأمر.

أ. 546 + 192 = _____

ب. 546 + 275 = _____

قصة الوحدات   الدرس 10 تذكرة الخروج   2•5

الاسم _____   التاريخ _____

حل المسائل باستخدام الشكل الرأسي وارسم أقراصًا على مخطط القيمة المكانية. كوّن أرقامًا إذا لزم الأمر.

1. $436 + 509 =$ _____

2. $584 + 361 =$ _____

اقرأ (اقرأ المسألة بعناية.)

لدى السيد/ أرنولد علبة أقلام رصاص. أعطى منها 27 قلم رصاص وتبقى لديه 45 قلم رصاص. فكم قلم رصاص كان لدى السيد/ أرنولد من البداية؟

ارسم (ارسم صورة.)

اكتب (اكتب المعادلة وحلها).

اكتب (اكتب عبارة تتوافق مع القصة).

_____

_____

_____

2•5 الدرس 11 مجموعة مسائل

الاسم _____ التاريخ _____

1. حل المسائل باستخدام الشكل الرأسي وارسم أقراصًا على مخطط القيمة المكانية. كون أرقامًا إذا لزم الأمر.

أ. 227 + 183 = _____

آحاد	عشرات	مئات

ب. 424 + 288 = _____

آحاد	عشرات	مئات

ج. 638 + 298 = _____

آحاد	عشرات	مئات

قصة الوحدات   الدرس 11 مجموعة مسائل   2●5

آحاد	عشرات	مئات

د. 648 + 289 = _____

2. حل المسائل باستخدام الشكل الرأسي وارسم أقراصًا على مخطط القيمة المكانية. كون أرقامًا إذا لزم الأمر.

أ. 307 + 187

ب. 398 + 207

الدرس 11: استخدم رسومات الرياضيات لتمثيل عمليات الجمع للمكونات التي تصل إلى رقمين واربط الرسومات بخوارزمية الجمع.

262

الاسم _____ التاريخ _____

حل المسائل باستخدام الشكل الرأسي وارسم أقراصًا على مخطط القيمة المكانية. كون أرقامًا إذا لزم الأمر.

1. 267 + 356 = _____

2. 623 + 279 = _____

الاسم ____________________ التاريخ ____________

1. حلت تراسي مسألة 299 + 399 بأربع أساليب مختلفة.

$299 \xrightarrow{+1} 300 \xrightarrow{+98} 398 \xrightarrow{+300} 698$

299 + 399
298   1

298 + 400 = 698

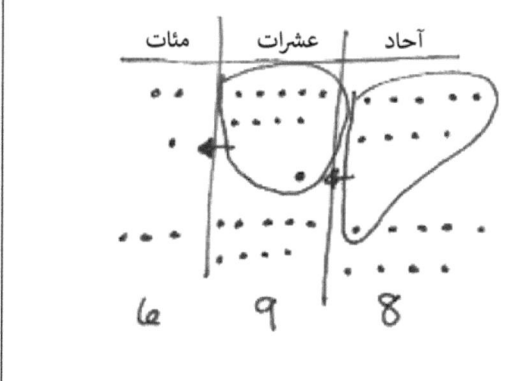

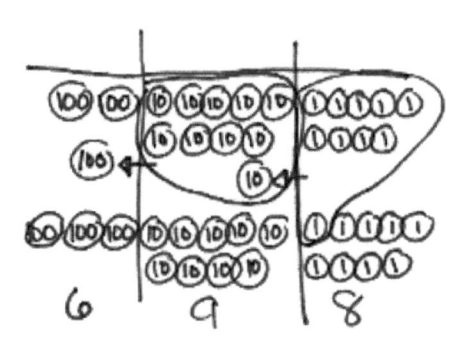

وضح أي الاستراتيجيات أكثر فاعلية لتراسي لاستخدامها في الحل ولماذا.

____

____

____

____

____

2. اختر الاستراتيجية الأفضل وحل. ووضح لما اخترت هذه الاستراتيجية.

أ. 498 + 221	الشرح: __________ __________ __________ __________
ب. 200 + 467	الشرح: __________ __________ __________ __________
ج. 464 + 378	الشرح: __________ __________ __________ __________

2•5 الدرس 12 تذكرة الخروج

الاسم ________________ التاريخ ________

اختر الاستراتيجية الأفضل وحل. ووضح لما اخترت هذه الاستراتيجية.

1. 298 + 467	الشرح: ________ ________ ________ ________
2. 524 + 300	الشرح: ________ ________ ________ ________

الدرس 13 مسائل تطبيقية

اقرأ (اقرأ المسألة بعناية.)

اشترى بائع فاكهة كرتونة تحتوي على 90 تفاحة. ووجد 18 تفاحة معطوبات، وألقى بهم في سلة القمامة. وباع 22 مما تبقى منها في يوم الاثنين. فكم تفاحة تبقت لديه الآن؟

ارسم (ارسم صورة.)

اكتب (اكتب المعادلة وحلها).

اكتب (اكتب عبارة تتوافق مع القصة).

_____

_____

_____

الاسم ______________________ التاريخ ______________

1. حل باستخدام الرياضة الذهنية.

أ. 8 - 6 = ______   80 - 60 = ______   180 - 60 = ______   180 - 59 = ______

ب. 6 - 3 = ______   60 - 30 = ______   760 - 30 = ______   760 - 28 = ______

2. حل باستخدام الرياضيات الذهنية أو الشكل الرأسي عبر أقراص القيمة المكانية. تحقق من إجابتك باستخدام الجمع.

أ. 138 - 17 = 121

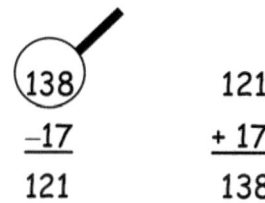

$$\begin{array}{r} 121 \\ +\ 17 \\ \hline 138 \end{array} \qquad \begin{array}{r} 138 \\ -17 \\ \hline 121 \end{array}$$

ب. 138 - 19 = ________

ج. 445 - 35 = ________

د. 445 - 53 = ________

هـ. 863 - 170 = _____   و. 845 - 152 = _____

ز. 472 - 228 = _____   ح. 418 - 274 = _____

ط. 567 - 184 = _____   ي. 567 - 148 = _____

الاسم _____ التاريخ _____

حل باستخدام الرياضيات الذهنية أو الشكل الرأسي عبر أقراص القيمة المكانية. تحقق من إجابتك باستخدام الجمع.

1. 378 - 117 = _____

2. 378 - 119 = _____

3. 853 - 433 = _____

4. 853 - 548 = _____

اقرأ (اقرأ المسألة بعناية.)

لدى برين 23 بنسًا أقل مما لدى ألونزو. ولدى ألونزو 45 بنسًا.

أ. فكم بنسًا لدى برين؟

ب. وكم بنسًا لدى كل من ألونزو وبرين معًا؟

ارسم (ارسم صورة.)

اكتب (اكتب المعادلة وحلها).

اكتب (اكتب عبارة تتوافق مع القصة).

أ.
_____

_____

ب.
_____

_____

قصة الوحدات
الدرس 14 مجموعة المسائل 2•5

الاسم ____________________ التاريخ __________

1. حل برسم أقراص على مخطط القيمة المكانية. ثم استخدم الجمع للتحقق من إجابتك.

أ. 170 - 469	حل عامودياً أو ذهنيًا:	راجع:
ب. 224 - 531	حل عامودياً أو ذهنيًا:	راجع:
ج. 229 - 618	حل عامودياً أو ذهنيًا:	راجع:

	حل عامودياً أو ذهنيًا:	راجع:
د. 838 - 384		
هـ. 927 - 628		

2. إذا كان 561 - 387 = 174، إذًا 174 + 387 = 561. وضح لما يُعد هذا البيان صحيحًا باستخدام الأرقام والصور والكلمات.

الاسم _____ التاريخ _____

حل برسم أقراص على مخطط القيمة المكانية. ثم استخدم الجمع للتحقق من إجابتك.

راجع:	حل عامودياً أو ذهنيًا:	1. 375 - 280
راجع:	حل عامودياً أو ذهنيًا:	2. 741 - 448

اقرأ (اقرأ المسألة بعناية.)

حصلت كاتريونا على 16 ملصقًا أكثر مما حصل عليه بيتر. وحصلت على 35 ملصقًا. فكم ملصقًا حصل عليه بيتر؟

حصلت ماريجو على 47 ملصقًا. فكم يحتاج بيتر من الملصقات لتتساوى مع ملصقات ماريجو؟

ارسم (ارسم صورة.)

اكتب (اكتب المعادلة وحلها).

اكتب (اكتب عبارة تتوافق مع القصة).

_____

_____

_____

الاسم ______________________ التاريخ ______________

1. حل برسم أقراص على مخطط القيمة المكانية. ثم استخدم الجمع للتحقق من إجابتك.

أ. 210 - 699 آحاد | عشرات | مئات	حل عاموديا أو ذهنيًا:	راجع:
ب. 387 - 758 آحاد | عشرات | مئات	حل عاموديا أو ذهنيًا:	راجع:
ج. 299 - 788 آحاد | عشرات | مئات	حل عاموديا أو ذهنيًا:	راجع:

د. 821 - 523	حل رأسيًا أو ذهنيًا:	راجع:
آحاد | عشرات | مئات		

هـ. 913 - 558	حل رأسيًا أو ذهنيًا:	راجع:
آحاد | عشرات | مئات		

2. *أكمل جميع البيانات الشرطية.* ارسم رابطة رقمية لتمثيل الحقائق ذات الصلة.

أ. إذا كان 762 – ______ = 173، إذًا 173 + 589 = ______.

ب. إذا كان 631 – ______ = 273، إذًا ______ + 273 = 631.

الاسم ______________________ التاريخ ____________

حل برسم أقراص على مخطط القيمة المكانية. ثم استخدم الجمع للتحقق من إجابتك.

1. 583 - 327 آحاد | عشرات | مئات	حل رأسيًا أو ذهنيًا:	راجع:
2. 721 - 485 آحاد | عشرات | مئات	حل رأسيًا أو ذهنيًا:	راجع:

اقرأ (اقرأ المسألة بعناية.)

قرأ ويل 15 صفحة أكثر مما قرأت مارسي. وقرأت مارسي 38 صفحة.

ويبلغ عدد صفحات الكتاب 82 صفحة.

أ. فكم صفحة قرأها ويل؟

ب. وكم صفحة يحتاج ويل لقراءتها لإتمام قراءة الكتاب؟

ارسم (ارسم صورة.)

اكتب (اكتب المعادلة وحلها).

اكتب (اكتب عبارة تتوافق مع القصة).

أ. _____

_____

ب. _____

_____

الاسم ______________________________ التاريخ ______________

1. حل رأسيًا باستخدام الرياضيات الذهنية. ارسم أقراصًا على مخطط القيمة المكانية وفكك أرقامًا، إذا لزم الأمر.

أ. 304 - 53 = ______

مئات	عشرات	آحاد

ب. 406 - 187 = ______

مئات	عشرات	آحاد

ج. 501 - 316 = ______

مئات	عشرات	آحاد

د. 700 - 509 = _____

مئات	عشرات	آحاد

هـ. 900 - 626 = _____

مئات	عشرات	آحاد

2. قالت إيميلي أن 400 - 247 تساوي نفس نتيجة 399 - 246. اكتب توضيحًا باستخدام الصور أو الأرقام أو الكلمات لتبرهن أن إيميلي محقة.

2•5 الدرس 16 تذكرة الخروج قصة الوحدات

الاسم _____ التاريخ _____

حل رأسيًا باستخدام الرياضيات الذهنية. ارسم أقراصًا على مخطط القيمة المكانية وفكك أرقامًا، إذا لزم الأمر.

1. 604 - 143 = _____

آحاد	عشرات	مئات

2. 700 - 568 = _____

آحاد	عشرات	مئات

الدرس 16: اطرح من مضاعفات العدد 100 ومن الأرقام التي تحتوي على أصفار في منزلة العشرات.

اقرأ (اقرأ المسألة بعناية.)

وضعت كولين في قلادتها 27 خرزة أقل مما وضعته جيني في قلادتها. وضعت كولين 46 خرزة. فكم خرزة وضعتها جيني في قلادتها؟

وإذا سقطت 16 خرزة من قلادة جيني، فكم خرزة بقيت بالقلادة؟

ارسم (ارسم صورة.)

اكتب (اكتب المعادلة وحلها).

اكتب (اكتب عبارة تتوافق مع القصة).

_____

_____

_____

الاسم ______________________ التاريخ ____________

1. حل رأسيًا باستخدام الرياضيات الذهنية. ارسم أقراصًا على مخطط القيمة المكانية وفكك أرقامًا، إذا لزم الأمر.

أ. 200 - 113 = ______

مئات	عشرات	آحاد

ب. 400 - 247 = ______

مئات	عشرات	آحاد

ج. 700 - 428 = ______

مئات	عشرات	آحاد

د. 800 - 606 = ________

مئات	عشرات	آحاد

هـ. 901 - 404 = ________

مئات	عشرات	آحاد

2. حل 600 – 367. ثم تحقق من إجابتك باستخدام الجمع.

راجع:	الحل:

2•5 الدرس 17 تذكرة الخروج

الاسم ______________________ التاريخ ______________

حل رأسيًا باستخدام الرياضيات الذهنية. ارسم أقراصًا على مخطط القيمة المكانية وفكك أرقامًا، إذا لزم الأمر.

1. 600 - 432 = ________

مئات	عشرات	آحاد

2. 303 - 254 = ________

مئات	عشرات	آحاد

اقرأ (اقرأ المسألة بعناية.)

جمع يوسف 49 كرة جولف من الملعب. ومازال لديه 38 كرة أقل مما لدى صديقة إيثان.

أ. فكم كرة جولف لدى إيثان؟

ب. وإذا أعطى إيثان 24 كرة جولف ليوسف، فمن منهما لديها كرات جولف أكثر من الآخر؟ وما الفارق بالضبط؟

ارسم (ارسم صورة.)

اكتب (اكتب المعادلة وحلها).

اكتب (اكتب عبارة تتوافق مع القصة).

أ.
_____

_____

ب.
_____

_____

الاسم ______________________________ التاريخ ________________

1. استخدم أسلوب الأسهم ومتابعة العد للحل.

أ. 247 - 300	ب. 465 - 600

2. حل رأسيًا وارسم مخطط وأقراص القيمة المكانية. أعد التسمية بخطوة واحدة.

أ. 359 - 507	ب. 529 - 708

3. اختر استراتيجية للحل، ووضح لما اخترت هذه الاستراتيجية.

أ. 437 - 600	الشرح:

ب. 808 - 597

الشرح:

4. برهن عن استراتيجية الطالب عبر حل كلتا المسألتين للتأكد من أن حليهما متطابقين. اشرح لشريكك سبب نجاح هذا الأسلوب.

800
- 543

799
- 542

799 - 542
= 800 - 543
الآن، لا أحتاج إلى التغيير لوحدات أصغر!

5. استخدم الاستراتيجية المبسطة من مسألة 4 لحل المسألتين التاليتين.

أ. 600 - 547

ب. 700 - 513

الاسم _____ التاريخ _____

اختر استراتيجية للحل، ووضح لما اخترت هذه الاستراتيجية.

1. 400 − 265	الشرح:
2. 507 − 198	الشرح:

الاسم ______________________ التاريخ ______________

1. وضح مدى ارتباط الاستراتيجيتين المستخدمتين في حل مسألة 500 - 211.

أ.

ب.

____

____

____

____

____

____

____

EUREKA MATH

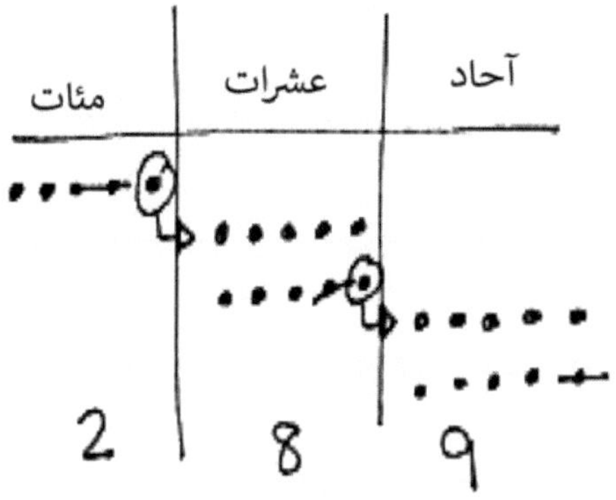

قصة الوحدات • الدرس 19 مجموعة مسائل ٢•٥

2. حل ووضح لما اخترت هذه الاستراتيجية.

أ. 220 + 390 = _____	الشرح:
ب. 547 - 350 = _____	الشرح:
ج. 464 + 146 = _____	الشرح:
د. 600 - 389 = _____	الشرح:

الدرس 19: اختر واشرح استراتيجيات الحل وسجلها بأسلوب جمع أو طرح كتابي.

الاسم _____ التاريخ _____

حل ووضح لما اخترت هذه الاستراتيجية.

1. 400 + 590 = _____

الشرح:
_____
_____
_____
_____

2. 775 - 497 = _____

الشرح:
_____
_____
_____
_____

الاسم ______________________ التاريخ ______________

خطوة 1: اشرح استراتيجيتك للحل.

خطوة 2: ابحث عن زميل بالصف يستخدم استراتيجية مختلفة، وانسخ إجابته في المربع.

خطوة 3: قرر أي استراتيجية هي الأكثر فاعلية.

1. 399 + 237 = __________

أ. استراتيجيتي	ب. استراتيجية __________

2. 400 - 298 = __________

أ. استراتيجيتي	ب. استراتيجية __________

3. 548 + 181 = ________

ب. ________ استراتيجية	أ. استراتيجيتي

4. 360 + ______ = 754

ب. ________ استراتيجية	أ. استراتيجيتي

5. 862 - ______ = 690

ب. ________ استراتيجية	أ. استراتيجيتي

الاسم ______________________ التاريخ ______________

حل كل مسألة باستخدام استراتيجيتين مختلفتين.

1. 299 + 156 = __________

أ. الاستراتيجية الأولى	ب. الاستراتيجية الثانية

2. 547 + ______ = 841

أ. الاستراتيجية الأولى	ب. الاستراتيجية الثانية

الدرس 20: اختر واشرح استراتيجيات الحل وسجلها بأسلوب جمع أو طرح كتابي.

وحدات دراسية

بذلت شركة Great Minds® قصارى جهدها للحصول على إذن لإعادة طباعة جميع المواد المحمية بحقوق الطبع والنشر. إذا لم يتم التعرف على أي مالك للمواد المحمية بحقوق الطبع والنشر هنا، يرجى الاتصال بـ Great Minds للحصول على الإقرار المناسب في جميع الإصدارات المستقبلية وإعادة طبع هذه الوحدة.